熱力学で理解する化学反応のしくみ

変化に潜む根本原理を知ろう

平山令明　著

装幀／芦澤泰偉・児崎雅淑
カバーイラスト・本文扉・もくじ／中山康子
本文図版／さくら工芸社

はじめに

　化学は、原子の世界から、人体内で起こること、そして宇宙の問題まで、非常に広い範囲の事柄を扱います。化学が扱う問題は、森羅万象に及ぶと言っても過言ではありません。しかし、この非常に幅の広い問題を大胆に分けると、2つの大きな問題に分かれます。

　1つは「もの」です。「もの」とは、100種類余りの異なる元素やそれらの組み合わせでできる多様な分子を意味します。現在地球上には、自然に存在する分子から、人間が人工的に作った分子まで入れると、1000万種類以上の分子が存在していると言われています。化学の専門家であっても、実際に扱う範囲はせいぜい1000種類です。化学の1つの妙味はこの多様性にありますが、化学の初学者はこの数に圧倒されてしまうかもしれません。しかしこの本では、化学の「もの」の側面は扱いません。したがってたくさんの分子の名前も反応式も登場しません。

　化学のもう1つの面白さは、その変幻自在とも思える変化にあります。Aという分子がBという分子に変わる、白かったものが赤くなる……、といった変化です。化学の「化」は正に「化ける」を意味しています。このような変化が、化学のもう1つの側面である「こと」です。「こと」とは、化学現象自体を意味します。「こと」としての化学を知るとは、**その化学現象がどのように、なぜ起こる**

のかを考えることです。変幻自在な変化には、それに関わる多様な分子の「もの」としての特徴が大きく関係していることはもちろんですが、実はその裏には、そうした「もの」としての個性を超えた**普遍のルール**が存在し、それらのルールが「こと」を起こしています。

　この本では、「こと」としての化学に注目して、その面白さをお話ししようと思います。化学は森羅万象に及んでいます。したがって、化学の「こと」を支配するルールは森羅万象を司っていると言えます。森羅万象にはもちろん人間も含まれますので、化学の「こと」を支配するルールが人間自身に当てはまることは当然です。しかし、それだけに止まらず、人間の社会にまで当てはまることがあっても、少しも不思議ではありません。

　化学は複雑な学問だと思われがちです。しかし本書で述べるように、実は「こと」が起こる基本的なルールはひどく単純です。それは、「**エネルギー**」「**エントロピー**」そして「**自由エネルギー**」という言葉でほとんど尽くされてしまいます。これらは決して難しい概念ではありません。高等学校以上の年齢になれば、それまでの日常的な経験を通して、たいていの人が色々な現象に潜む一種の法則ではないかとうすうす感じていることです。それを簡単にまとめたのが本書です。多分、「自分もそうではないかと以前から思っていた」というような事柄が本書ではたくさん出てきますが、それは読者のみなさんがすでにそれらの法則性に気がついていたことを示します。

はじめに

　私は心の中で、何人かの仮想的な人に話しかけたり、議論したりしながら文章を書きます。そうした人達は、時に皮肉を交えて批評してくれる友人であったり、私の講義の真面目な出席者で良い質問をする学生だったり、そして読者の反応を気にする出版社の営業の方だったりします。この本も、そうしたバーチャルな支援者に支えられながら、書きました。実際に本書を作る上では、実在する講談社の梓沢修氏に大変お世話になりました。ここに記して、感謝申し上げます。

もくじ

はじめに ……3

第1章 「こと」を起こす根本 ──エネルギーとは

- 1-1 運動エネルギー ……10
- 1-2 位置エネルギー ……11
- 1-3 エネルギーは不滅 ……17
- 1-4 熱とエネルギー ……20
- 1-5 熱エネルギーの移動 ……24
- 1-6 光のエネルギー ……28
- 1-7 エネルギーの単位 ……33
- 1-8 原子や分子の単位 ……36
- 1-9 化学結合のエネルギー ……37

第2章 化学結合エネルギー

- 2-1 H原子からH₂分子へ ……42
- 2-2 エンタルピーという考え方 ……47
- 2-3 結合生成エンタルピー ……52
- 2-4 エネルギーだけでは語れない化学反応の面白さ ……58

第3章 状態を表す指標 ——エントロピーとは

- 3-1 「だらしない」ということ ……62
- 3-2 状態の数と変化の方向性 ……66
- 3-3 浸透が起こるわけ ……69
- 3-4 高温の物体から低温の物体に熱が移動する理由 ……72
- 3-5 エントロピーという考え方 ……79
- 3-6 固体から液体、そして気体へ ……83
- 3-7 熱エントロピー変化の量 ……91
- 3-8 3-6での疑問に答える ……94
- 3-9 ソーラー湯沸かし器 ……102

第4章 自由エネルギー

- 4-1 平衡ということ ……110
- 4-2 右に行くか左に行くか ……111
- 4-3 自由エネルギー ……118
- 4-4 $\varDelta G$で化学反応の方向を見定める ……122
- 4-5 食塩が水に溶けるのはなぜか ……131
- 4-6 水は油と混ざらない ……143
- 4-7 融雪剤の働きを理解する ……152
- 4-8 ゴムは熱で伸びるか? ……160
- 4-9 質の良いエネルギーと質の悪いエネルギー ……164

第 5 章

反応の方向を決める ── 化学平衡

- 5-1 平衡定数 ……170
- 5-2 自然界は「アマノジャク」か、それとも優しいのか? ……181
- 5-3 温度が平衡を動かす ……194

第 6 章

反応(こと)が起こるスピード

- 6-1 試練の山越え ……198
- 6-2 分子の世界も不平等 ……204
- 6-3 難局を切り抜ける勇士たち ……214
- 6-4 不可能を可能にするマジック ……217
- 6-5 反応のスピード ……224

おわりに……227

　付録　1　対数 ……230

　　　　 2　場合の数 ……234

付表 ……240

さらに勉強したい方のために ……244

さくいん ……248

第1章
「こと」を起こす根本 ──エネルギーとは

「こと」としての化学を理解する際に、どうしても理解しておかなくてはならない概念の第一は、「エネルギー」という考え方です。日常生活でもよく使う言葉ですが、改めて考えてみると意外にあやふやで、あまり正確に理解していない概念であることに気がつきます。そこで、まず始めにエネルギーについて詳しく考えてみましょう。

エネルギーを表す energy という英語はギリシア語の energeia に起源を持ちます。energeia は en（中に）という語と ergon（仕事）という語からなっています。つまり、「仕事ができる能力」ということになります。言葉としては古く、16世紀の中頃から使われていたようです。現在、私たちが日常会話でこの言葉を使う時、例えば「あの人はエネルギーに溢れている」というような使い方をする時には、特にその人が仕事ができなくても、とりあえず「動き回って」いる人を思い浮かべますが、科学でのエネルギーもおおよそ、そのように理解して構いません。「活動的＝エネルギッシュ」ということです。

それでは活動的あるいは活動的になれる、ということはどういうことでしょうか？

1-1　運動エネルギー

さきほど、やたら動き回るだけの人でもエネルギーに溢れていると言いましたが、動くもののエネルギーを「運動エネルギー」と物理学では言います。質量（重さとほぼ同じ意味であると考えてかまいません）m の物体が速度 v で運動している場合、その物体の運動エネルギーは $\frac{1}{2}mv^2$ と

いうことになります。m が一定なら、速度が大きければ大きいほどその物体のエネルギーは大きくなります。速度が2倍になれば、運動エネルギーは4倍になります。

　都会に暮らしていると、よく人にぶつかります。ゆっくり歩いている人同士がぶつかってもそれほど実害がありませんが、走って来た人にぶつかると、その衝撃は大きく、時に怪我をすることさえあります。ぶつかった時の衝撃とは、運動エネルギーの一部がその人の内部に止まっていられず、外に飛び出してしまったことを意味します。このようにエネルギーは、形を変えることができます。

　車が高速道路で事故を起こした場合、車は大破しますが、これは車が持っていた運動エネルギーが車を壊すために使われたことを意味します。もちろんガードレールなどを破壊するためにも使われますし、乗っている人間を壊すのにも使われます。車の壊れ方は、車の速度の2乗に比例することになります。時速50kmと時速100kmでは、運動エネルギーは4倍も違うことになります。したがって、破壊力が4倍になるわけです。

1-2　位置エネルギー
■高さがエネルギーを持つ

　図1-1のように、坂の途中に球を置いた場合を考えます。何の止めもないと、球はこの坂を一気に下り、坂のいちばん下まで行きます。坂の高さや勾配によっては、さらに遠くまで球は転がっていきます。この現象は特に不思議ではなく、私たちが日常お目にかかるものです。高いとこ

(a)

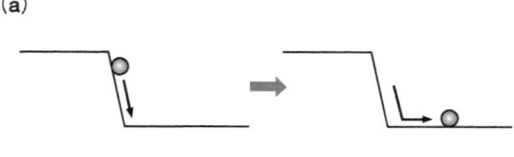

(b)

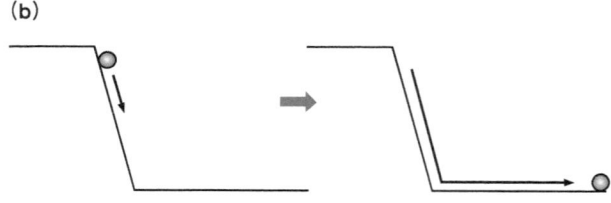

図1-1　高さによって位置エネルギーは変わる

ろにあるものは、うっかりすると下に落ちてしまいます。こうした現象は、高いところにあるものが低いところにあるものよりエネルギーを多く持っていることにより起こります。高いとか低いとかの基準は、大げさですが地球に対するものです。地球の中心から遠くにあるものが、「高い」ということになります。

　全ての物質の間には必ず引力が働き、この力を万有引力と呼びます。ニュートンの「リンゴ」の話は万有引力を有名にしました。たかがリンゴ１個の落ちる落ちないの問題に、目にも見えない（入らない）地球という巨大な物体を想像することに違和感を覚えた読者も多いと思います。このように地球と地球上のあらゆる物体の間に働く万有引力

が、高いところにあるものを低いところに落とす原因です。実は、全ての物体間には万有引力が働きますが、万有引力は非常に小さいものですから、地球ほどの大きな物体でないと、私たちはその力を感じないのです。10トン積みのトラックがいかに重くても、私たちがトラックに引き寄せられるほどはトラックと私たちの間に働く万有引力は強くありません。地球上で働く重力のほとんどは地球からの万有引力によります。

地球の重力定数をg（地球の質量によって決まります）とすると、高さがhだけ高いところにある質量mの物体は、mghだけ大きいエネルギーを持ちます。このように、地球上の位置によるエネルギーなので、これを「位置エネルギー」と呼びます。物体のある位置が高ければ高いほど、位置エネルギーは大きくなります。図1-1の場合、（b）の球の方が2倍高い位置にあるので、2倍の位置エネルギーを持ちます。その結果、（b）の球の方が水平面に達してから、より遠くの位置まで転がります。

■位置エネルギーは運動エネルギーに変わる

この例を見るまでもなく、私たちは経験から、坂の途中に置いた球は、瞬間的にであるにしても、最初は静止することを知っています。ところが手を放すと坂を転がり落ちます。転がるということは、運動を意味します。位置エネルギーはこの場合、運動エネルギーに変化しました。mghの位置エネルギーは$\frac{1}{2}mv^2$という運動エネルギーに変わり、その運動エネルギーを使い終わるところまで球は転が

ります。最初に球が持っていた位置エネルギーが運動エネルギーに変わったのです。このように、エネルギーは形を変えることができます。

　位置エネルギーを他のエネルギーに変える別の例に、水力発電があります。水力発電では、多くの場合ダムを利用します。ダムに大量の水を貯め、その水を高いところから一気に落とします。水の位置エネルギーは水の運動エネルギーに変わります。そしてこの流れる水の運動エネルギーを発電機のタービンを回す運動エネルギーに変えます。そしてタービンの回転の運動エネルギーが最終的に電気エネルギーに変わります。位置エネルギーが電気エネルギーになったわけです。単に高いところに水があること（位置エネルギーを持つ）と電気が流れることは、現象としては全く異なるものですが、両方ともエネルギーを持つという点で変わりません。

■ポテンシャル・エネルギー

　位置エネルギーとは、単に高いところにあるものばかりが持つだけではありません。万有引力は2つのものの間の引力として働きます。万有引力に限らず、引っぱりあう力が働いている物は、位置エネルギーを持ちます。図1-2のように、ばねを伸ばすと、ばねは縮もうとします。高いところにある物が、棚をはずされると下に落ちることと同じです。したがって、ばねを伸ばした状態は、元の状態より位置エネルギーが高いと言えます。ばねの強さを表す定数（フックの定数と言います）をkとし、伸ばしたばねの長さ

第1章「こと」を起こす根本──エネルギーとは

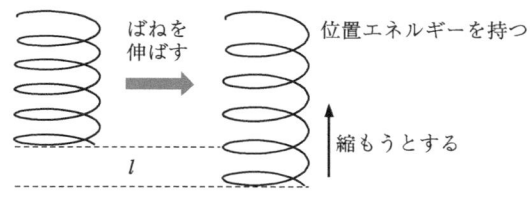

位置エネルギー $\frac{1}{2}kl^2$

図1-2　ばねの持つ位置エネルギー

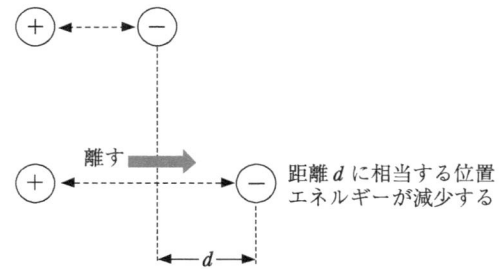

図1-3　静電エネルギー
プラスとマイナスの電荷を持つ物体間の距離に関係する位置エネルギー

の分をlとすると、ばねの位置エネルギーは$\frac{1}{2}kl^2$となります。この式は運動エネルギーの式と全く形式が同じです。

　プラスとマイナスの電気も引き合います（図1-3）。これを静電相互作用と言います。この場合もこの引き合う力に抗して、プラスの電気とマイナスの電気を帯びた物体を引き離そうとすると、エネルギーが必要になります。したが

って、離れた位置にある正負反対の電気は、位置エネルギーを持っていると言えます。しかし、この場合には事情は少し異なります。プラスとマイナスの電気を帯びた物体は、それらがまったく重なる点で引き合うエネルギー（位置エネルギー）が最大になります。したがって、重力とは異なり、それらを引き離すに従い（間隔が大きくなるに従い）、位置エネルギーは減少します。この場合も位置によって物体が持つエネルギーが変化することから、このエネルギーの形式も位置エネルギーと言えます。他にも磁石のS極とN極の間にも位置エネルギーが考えられます。

このように、**何らかの理由で引き合う（あるいは反発し合う）物体間には必ず位置エネルギーというものが存在**し、物体間の距離によって位置エネルギーは変化します。日本語では、位置エネルギーと言いますが、英語ではpotential energy（ポテンシャル・エネルギー）と呼びます。辞書にあるpotentialの意味は「能力がある」ということですが、potentialの元になっているpotentiaという語は、「力」を意味します。重力、ばね、そして電気などの力がかかっている物体が持つエネルギーを意味します。したがって、位置エネルギーよりも広い意味合いを持つことから、ポテンシャル・エネルギーと英語の音訳でそのまま使われることも最近では多いようです。位置エネルギーにはさまざまな形式があります。形は変わりますが、エネルギーという本質は同じです。何となく、哲学的な概念のようですが、これが現実です。

1-3 エネルギーは不滅
■熱力学の第1法則

　位置エネルギーが運動エネルギーに変わることをお話ししました。この他にも様々なタイプのエネルギーがあります。エネルギーとは、原子や分子のように固定した形を持つものではなく、この章の最初でも述べたように「仕事ができる能力」を意味するので、**その仕事をどのような形で行うかによって、エネルギーの形態は様々に変わります。**先の例のように、高いところにある物体が持つ位置エネルギーは、位置が下がる分だけ減るエネルギーを運動エネルギーにも電気エネルギーにも変えることができます。乗り物を動かすにはエネルギーが要りますが、それはどんなエネルギーであってもいいわけです。帆船は風のエネルギーで、今では見る機会が減りましたが蒸気機関車は蒸気のエネルギーで、ガソリン自動車はガソリンの燃焼エネルギーで、電車は電気エネルギーで、そして原子力潜水艦は原子力エネルギーで動きます。重いものを動かす仕事をする能力（それがエネルギー）があれば、乗り物を動かすことができます。

　このように、エネルギーの形態は様々に変わりますが、イギリスの物理学者であるジュールは、「どのような変化が起ころうと、エネルギーは保存される」という基本的な法則を発見しました。つまりエネルギーは自然に湧き出るものではなく、またそれが消滅するものではない、そう見えるのは、単にエネルギーの形態が変わったに過ぎない、ということです。この法則は、「**熱力学の第1法則**」と呼

ばれています。

　般若心経に「不生不滅」そして「不増不減」という言葉がありますが、熱力学の第1法則はこれを物理学の側面から言い換えているとも考えられます。熱力学第1法則は「エネルギー保存の法則」とも呼ばれます。物理学の法則は簡単に言えば「真理」を述べていますが、数学の定理と異なり証明することはできません。「これまでその法則を破るような例外が全くない、そして今後も例外が出ることはまずないだろう」というのが物理学の法則です。熱力学の第1法則に違反する現象は、少なくともこれまで観測されていません。忽然とエネルギーが現れること、そして忽然とエネルギーが失踪することはないのです。

　エネルギーは私たち人間にとっては、生きることそのものと言っても良いと思います。人間は絶え間なくエネルギーを外界から取り入れ、それを別の形態に変化させています。ダイナミックかつ複雑なエネルギーの形態の変化が生命活動の重要な側面であるとも言えます。私たちの人生の多くの目的が、エネルギーの獲得とその形態変化に当てられていると言っても過言ではないでしょう。したがって、人生に存在する普遍の真理として仏教哲学のエッセンスが凝縮されてできた般若心経と、物質界に普遍的に存在する基本原理として物理学が作り上げた熱力学第1法則の内容が一致しても不思議はないわけです。私たちは、人間である前にまず物質ですので、物質界に成り立つ法則は全て人間に成り立たなければなりません。

第1章「こと」を起こす根本——エネルギーとは

■最後は熱エネルギー

　図1-4で坂の途中にある球は位置エネルギーを持ちますが、それは坂を転がる運動エネルギーに変わります。エネルギー保存の法則は、位置エネルギーが全てまず運動エネルギーになることを教えてくれます。ところが、私たちの日常的な経験からも、図のように転げ落ちた球は確かに勢いよく転がっていきますが、あるところで止まります。この球はもはや位置エネルギーも、そして運動エネルギーも持っていません。いったいそのエネルギーはどこに行ってしまったのでしょうか？　「エネルギー保存の法則」は、もろくもこの単純な例で崩れてしまうのでしょうか？　そういうことは決してありません。

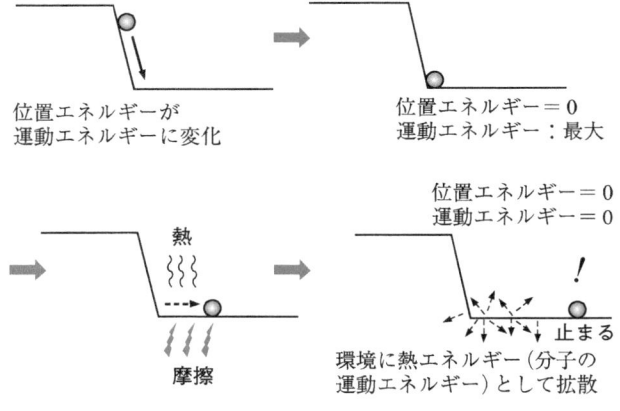

図1-4　エネルギーが消える？
位置エネルギーが分子の運動エネルギー（熱）になって環境に吸い込まれる

転がった球はなぜ止まるのでしょうか？　球が止まるのは、球と床が擦れて、その摩擦によって止まるのです。したがって床の材質を変えると、球の止まる距離は大きく変化します。摩擦が多いざらざらした床では止まるまでの距離は短くなりますが、表面が滑らかな床では球は遠くまで転がって行きます。寒い時、私たちは手の平を擦り合わせます。そうすると、手の平が次第に温かくなってきます。転げ落ちた球は床との摩擦である所まで行くと止まりますが、その過程で運動エネルギーが実はこのような熱エネルギーに変化するのです。つまり、図1-4の単純な系でも、エネルギーは位置エネルギーから運動エネルギーへ、そして最終的に熱エネルギーへと形態を変化させます。熱力学第１法則は、当初の位置エネルギーの量と最終的な熱エネルギーの量は同じであることを保証しています。熱エネルギーは、多分私たちが実感できる最も身近なエネルギーです。

1-4　熱とエネルギー
■絶対零度とは
　実は熱エネルギーは基本的に運動エネルギーと同じものです。

　2006年から2007年にかけての冬は暖かく、地球温暖化の点からは問題があるかも知れませんが、寒さが苦手の筆者にとっては非常に快適でした。まず、私たちが大気を暖かいと感じる理由を考えてみたいと思います。

　大気（空気）の中には窒素N_2（約78％）、酸素O_2（約21

第1章「こと」を起こす根本——エネルギーとは

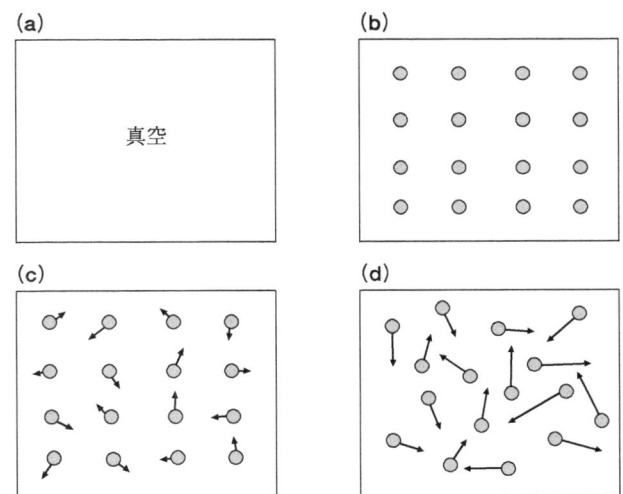

図1-5　分子の運動が温度を決める

％)、そして二酸化炭素CO_2（約0.04％）などの分子やアルゴンAr（約0.9％）などの原子が含まれます。括弧の中の数字は体積パーセントです。N_2とO_2で99％を占めますので、大気は主にこの2つの分子からなる気体と言えます。これら2種類の分子は共に2個のN原子とO原子が化学結合してできていますが、ここでは簡単のために丸い球で表してしまいます。さらにここではNもOも区別しません。図1-5では、ある空間に存在する気体分子の様子を比較しました。

（a）では、空間に分子が全くありません。この状態を真

空と言います。宇宙空間のほとんどは真空です。真空の中には、温度を作り出すものが何もありません。外部から光のエネルギーが入らない限り、この状態での温度は世の中でいちばん冷たい温度にしかなりません。いちばん冷たいとは、温度がないことに等しく、それを絶対零度（−273℃）と言います。

（b）では気体分子が空間にありますが、その全部の動きが全く静止しています。この場合も、この空間自身が温度を持つことはありません。つまり外部から光のエネルギーが入らない限り、絶対零度です。

普通、私たちが温度を計る時に使う温度の単位は℃です。この単位では水の凍り始める温度を0℃と定め、水が沸騰する温度を100℃と定めます。その間を100等分して、同じ目盛りを低温側と高温側に伸ばして温度を計ります。高温側の目盛りは無限に刻めて、それに対応した温度が実在できます。鉄が溶ける温度は1500℃ほどであり、太陽の表面は6000℃にもなります。さらには1000000℃という温度も可能です。核融合反応を起こすためにはとてつもなく高い温度を作り出す必要があります。

しかし、低温側は−273℃以下には絶対になりません。だから絶対零度と言います。それ以下の温度というものが存在しないのです。この温度では、全ての物質の動きが止まってしまいます。そこでこの温度を新たに0に設定した温度の単位が作られました。それが絶対温度で、単位K（ケルビン）で表します。最小目盛りの幅は℃と同じです。すなわち、0Kは−273℃で、273Kは0℃になります。物理や

第1章「こと」を起こす根本——エネルギーとは

化学ではKを用いることが正式ですが、℃も実際には多く用いられています。この本でも、場所によってKと℃を使い分けています。

（c）では分子は少し動き回っています。空間の中にいる分子が動くと、この空間は熱を持ち、その温度が上がります。例えば、（c）の空間の温度が−200℃であるとすると、もっと分子の運動が激しくなった（d）の場合では、さらに温度が上がることになります。

■熱の正体

結局、温度とは、**分子の運動の激しさを表す尺度**ということになります。空間の中に何もなければ、本来その空間の温度は絶対零度になります。そこに分子や原子のような物体があれば、その運動の激しさの度合いでその空間の温度が決まります。

それでは、運動の激しさとは何でしょうか。今、その粒子の動きを遮るものがないと仮定すると、その粒子は直線的に動くはずです。ですから、その動きの激しさとは、その粒子の速度ということになります。すでに述べたように、物理学の法則で質量mの粒子が速度vで動いている時のエネルギーは、$\frac{1}{2}mv^2$と表されます。図1-5の場合、空間の中にある気体分子の運動エネルギーが大きいことが、その空間の温度が高いことに相当します。温度が高くなると分子の運動エネルギーが大きくなるのか、運動エネルギーが大きくなると温度が高くなるのか、という疑問を持つかも知れません。これらは原因と結果ではなく、「**温度が**

高いこと」＝「運動エネルギーが大きいこと」なのです。分子の運動の大きさを、私たちは「熱」として感じているのです。

1-5　熱エネルギーの移動
■熱の移動をミクロに見ると

　図1-6に示すように、熱いコーヒーを飲むためにお湯を沸かすことを考えます。ガスを使っても電気を使ってもいいのですが、ここではガスで沸かすことを考えます。

　ガスに火を着け、水を入れたビーカーをそれにかけます。ガスは燃えると大量のエネルギーを放出しますが、それは熱と光という形をとります。主に熱がビーカーを温めます。燃焼によって生じるエネルギーの大部分は、燃焼の結果として生成する二酸化炭素や水分子、そして炎の付近にある気体分子の運動を極めて大きくします。これが「熱」ということになります。それらの分子はビーカーの底付近に激しくぶつかります。ビーカーはガラスでできています。ガラスは主に二酸化ケイ素という分子でできていて、激しい勢いでぶつかる気体分子はビーカーの二酸化ケイ素分子を揺り動かします（熱振動）。時間と共にその運動は激しくなります。それに伴い、ビーカーの温度は上がってきます。さらに二酸化ケイ素の運動は、ビーカーの中にある水分子を揺り動かします。温度は室温から、40、50そして80℃と上がっていきます。そして、水分子の運動の激しさがある限界を超えると、液体になっていられなくなり、最終的に、水の分子が液体から飛び出して空気中に勢

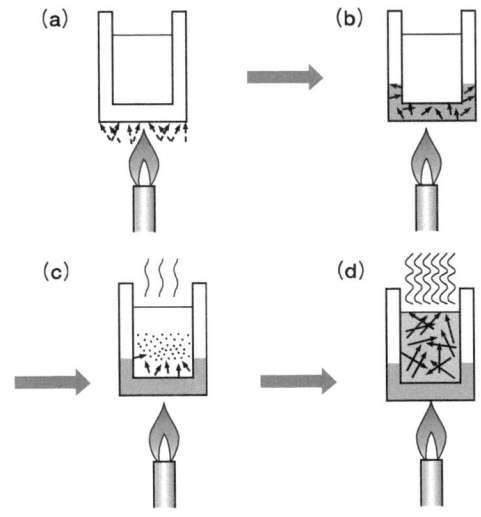

図1-6 ガスで水が沸く仕組み
(a) ガスの燃焼により生成する CO_2、H_2O そして周囲にある気体分子の運動が活発になり、ビーカーの底に衝突する
(b) ビーカーを作る分子の運動が激しくなる
(c) ビーカーを作る分子の運動が水分子に伝わり、水分子の運動が激しくなる
(d) 水分子の運動エネルギーがある限界を超えると、沸騰(液体が気体に変換)が起こる

いよく出て行くようになります。これが水の沸騰です。

海抜0mの地表であれば、普通100℃で沸騰は起こります。ガラスを構成する二酸化ケイ素分子はこの程度の温度では、熱振動しても固体を保っています。もし、大きな熱振動では固体を保っていられなくなるような材料で容器を作れば、水が沸騰する前に容器が溶けてしまいます。溶け

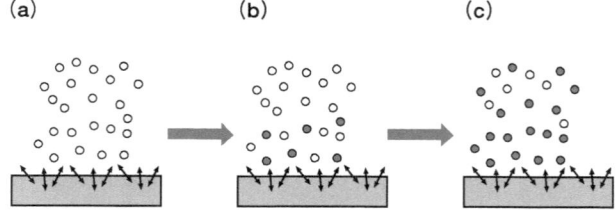

○ 運動性の低い分子　● 運動性が高い分子

図1-7　熱い鉄板上の空気が熱くなる

るとは、分子運動が激しくなり固体の状態を維持できずに液体になってしまうことを意味します。熱エネルギーは、このように分子運動が伝達されることで移動します。

　図1-7のように、熱い鉄板に冷たい空気を接触させる場合を考えてみます。この熱い鉄板の中では鉄原子が激しく運動しています。鉄原子同士の結び付きは強いので、相当高い温度まで加熱しても、鉄原子は固体を保っています。この熱い鉄の表面では、鉄分子が激しく運動しています。そこに空気の分子が当たると、空気の分子を激しく揺り動かします。表面の鉄原子はその運動エネルギーを空気の分子に分けると、自身の運動エネルギーは小さくなり、結果として温度が下がりますが、内部の鉄から運動エネルギーをもらい、次の空気の分子にまた運動エネルギーを分けます。このように鉄は表面から冷えていきます。空気の分子の運動は、逆に激しくなりますので、熱い鉄の周りにある

空気の温度は次第に高くなります。熱い鉄の中にあった熱エネルギー（鉄分子の運動エネルギー）がその周りの空気の熱エネルギー（気体分子の運動エネルギー）に変わったのです。エネルギー保存の法則が言うように、この間、エネルギーの量は増えも減りもしません。

■**熱はどこへ行ってしまうのか**

　ここで熱い鉄の塊の代わりに、電気ストーブの場合を考えてみます。電気ストーブをしばらくつけると部屋の中は暖かくなりますが、スイッチを切るとすぐに寒くなることはよく経験するところです。それでは、ストーブの熱エネルギーは結局消えてしまったのでしょうか？

　まずストーブの熱エネルギー（元は電気エネルギー）は、その周りの空気の分子の運動エネルギーに変わります。この空気の分子が私たちの体に当たり、体の分子の運動エネルギーを上昇させるために、私たちは暖かさを感じるのです。ところが、この空気の分子の運動エネルギーは、これまでに述べた方法と全く同じように、その周りの空気（天井や部屋の隅にあり、直接私たちとは接していない空気）の分子や部屋の中にあるいろいろな物を作っている分子へも伝えられます。こうした分子の数は、暖かくなった気体の分子の数より圧倒的に多いのが普通です。つまり、暖められた空気の分子の運動エネルギーはこれら膨大な数の分子の運動を少しずつ大きくするのに使われます。すると、ちょうど砂漠に少量の水を撒くのと同じで、熱エネルギーはあっという間に吸い込まれてしまい、部屋の温

度は元の寒さと同じ程度の温度になってしまいます。もちろん、電気ストーブのエネルギーはごくごく僅かながら部屋の温度を上げてはいますが、もはや暖かいとは感じない温度差になってしまいます。

　このように、熱エネルギーはどんどん周囲のものに広がり拡散していきます。したがって、部屋を暖め続けるにはストーブはずっとつけておかなければなりません。こうして、熱エネルギーは私たちがどんなに頑張っても、次第に見えなくなっていきます。しかし、決してなくなったわけではありません。ただ、このようにして見えなくなった熱エネルギーを集めて、もう一度部屋を暖めるのに使うことは事実上不可能です。つまり、**物があっても使えない物**になってしまったのです。

1-6　光のエネルギー
■光も熱エネルギーから生まれる

　最も身近にある光は、太陽の光と照明の光です。テレビ、コンピュータのモニター、携帯電話の表示部、そして多くの電子機器の表示部も光を放っています。もちろん、物を燃やしたりガスを燃やしたりすれば、光が出ます。光もエネルギーの１つの重要な形態です。鉄を熱すると、初めは黒い塊ですが、温度が上がるにつれ次第に赤みを帯びます。軟らかくなる温度では、鉄はオレンジから黄色に輝き始めます。これは高温になると鉄原子の運動エネルギーが光のエネルギーになったことを意味します。炎は小さくても、ロウソクの光と太陽の光は変わりません。いずれも、

高い温度になった時に分子の運動エネルギーすなわち熱エネルギーが光のエネルギーに変わり、光となって輝くのです。

　目に感じる光は可視光線と言い、虹の色がその代表です。しかし、光はもっと広い意味で使われます。虹の青のさらに内側には、紫外線が、赤のさらに外側には赤外線が現れているはずですが、両者とも私たちの目には見えません。またレントゲン検査で使うX線も、電子レンジで使うマイクロ波も光の一種です。実は光の実体は電磁波というもので、全ての光は本質的に電磁波であることに変わりがありません。唯一異なるのは、電磁波という波の長さ（波長）です。可視光線では、赤は青より長い波長を持っています。波長の長い電磁波のエネルギーは低く、波長の短い電磁波のエネルギーは高くなります。赤い炎の温度より、青の炎の温度が高いのは、このことによります。

■電磁波のエネルギー

　少し横道にそれますが、電磁波の性質をもう少しみてみることにします。どの光（電磁波）も同じ速度を持っています。光は1秒間に地球を7回り半、すなわちおよそ300000kmの距離を進みます。光の速度はcで表されます。光は波の一種で、図1-8のように同じ形の波が進むことで、光が伝わります。波はすべて同じ形を持つので、1つの単位長を考えることができます。例えば最近接の山の頂点間の距離が単位長を与えます。この単位長を波長（λ：ラムダ）と呼びます。（a）波の波長は（b）波の波長

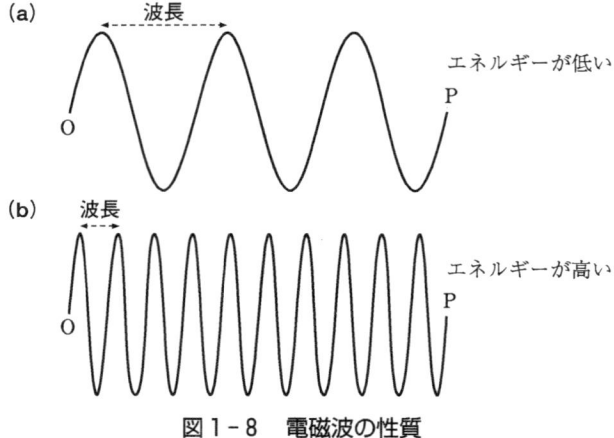

図1-8 電磁波の性質

より長くなります。同じ距離にあるP点に到達するのに、(a) 波は3回山と谷を往復する必要があります。このような往復運動を振動と呼びます。一方、(b) 波はP点に到達するまでに、10回振動します。1秒間に振動する回数を振動数（ν：ニュー）と呼びます。c、λ そして ν の間には次のような簡単な関係が成り立ちます。

$$c = \lambda \times \nu$$

意味していることは単純で、1秒間にν回、波長λの光が進むと、距離 c 進むことを意味します。

それでは (a) 波と (b) 波のどちらが多くのエネルギーを持っているのでしょうか？ 分子運動との比較から考えると、1秒間に激しく振動する（振動の回数の多い）方がエネルギーが大きいと推察できるでしょう。その通り

第1章「こと」を起こす根本——エネルギーとは

で、振動数が大きいほど、波のエネルギーは大きくなります。青の可視光線の振動数は赤の振動数より多く、青の光の方がエネルギーが大きい、と言えます。上の式から分かるように、c は一定ですから、波長が短いほど、波のエネルギーは大きいということにもなります。

■瞬時に到達する放射エネルギー

図1-9のように、ロウソクの炎に手をかざすと、手の内側がすぐ暖かくなります。手の平が暖かくなるその理由を、「ロウソクの燃焼でロウソク付近の空気の分子の運動が激しくなる。運動エネルギーの大きな空気の分子が手の平に当たり、手の平を構成する分子の運動が激しくなる。手の平の分子の運動が体温での運動より激しくなると、暖かさを感じる」と説明しても間違いではありません。しか

図1-9　ロウソクの光でも少し暖かくなる

し、「すぐ暖かくなる」の説明にはなっていません。
　「すぐ暖かくなる」のは、ロウソクの光のエネルギーによるのです。光の速度は極めて速いので、ロウソクに火を灯した瞬間から暖かさを感じます。ロウソクの燃焼によるエネルギーはこのように2つの形をとって、手の平を温めます。しかし、ロウソクの炎は周りを温めるために使われるものではなく、周りを照らし出すために使うものです。したがって、ロウソクの材料は、燃えた時に光のエネルギーに変換し易いものが選ばれているわけです。都市ガスのように青い炎では、本を読むことはできません。
　このように光によって伝えられるエネルギー伝達の形式を、放射と言います。分子の熱運動によってエネルギーを伝える場合には、空気の分子などのように運動を伝える分子が必要です。したがって、真空中では熱運動によってエネルギーを伝えることはできません。一方、光は真空中でもわけなく通るので、真空の向こう側にもエネルギーを伝えることができます。地球上の生物が使用している大部分のエネルギーは太陽からのものですが、太陽が燃える熱エネルギーを直接もらっているわけではありません。太陽と地球の間はほとんど真空で、この空間にある非常に希薄な原子の運動を通してエネルギーを伝えることはできません。太陽からのエネルギーは光のエネルギーとして地球に注ぎ、そのエネルギーが大気や地表の種々の物質に吸収されます。それらのエネルギーの一部が分子の運動エネルギーに変わり、地球を温めているのです。
　太陽から放射される光には波長が様々な、すなわちエネ

ルギーの異なる様々な電磁波が含まれます。エネルギーの強い電磁波（例えば紫外線）は生物に悪影響を与えますが、これまでは地球の上空にあるオゾン層でほとんど吸収されていました。しかし、フロン・ガスが主な原因と言われていますが、この保護層が近年次第に薄くなり、かなりの量の紫外線が地表にまで降り注ぐようになってきました。これらのエネルギーの強い電磁波は化学結合を切断できるために、生物の正常な生命活動を脅かす恐れがあります。

　光は、運動エネルギーと異なり、高密度で効率良くエネルギーを運ぶことができるので、エネルギー運搬法としては便利ですが、エネルギーを蓄える上ではあまり適しません。昼間の光を取っておき、夜使うというわけにはいきません。

1-7　エネルギーの単位
■calとJへ

　エネルギーは、形態が変わっても、どのエネルギーも本質的に同じものです。これまでに述べてきた、運動エネルギー、位置エネルギー、電気エネルギーそして光エネルギーはみなエネルギーです。したがって、どのエネルギーも同じ単位で計ることができます。

　運動のエネルギーのうち、分子の運動エネルギーの表れである熱は、エネルギーの中でも私たちが日常生活で最もよく経験するものです。そこで、エネルギーの単位は最初熱に基づいて決められました。1gの水の温度を大気圧の下で14.5℃から15.5℃まで、1℃上昇させるために必要な

エネルギーを1 cal（カロリー）と名付けたのです。水の比重は温度によって変化するので、測定する温度によって1 g中の水分子の数が少し異なり、ごく僅かですが定義によって1 calの数字の意味が変わります。しかし、本書の範囲では上のような簡単な定義で十分でしょう。

一般的に分子よりずっと大きな物体の運動を考える物理学の一分野である力学では、運動エネルギーを次のように定義します。質量1 kgの物体が1秒間に1 mの速度で動いている時、その運動エネルギー $\frac{1}{2}mv^2 = \frac{1}{2}(1 \times 1^2)$ を0.5 joule（ジュール　Jと省略します）とします。また重力加速度をg（m/s^2）とすると、基準点からhだけ高い所にある質量mの物体はmghの位置エネルギーを持つことになります。つまり、1 kgの物体が1 mの高さにあると、その位置エネルギーは$1 \times 9.8 \times 1 = 9.8$Jということになります。

かつては熱の単位であるcalと力学的なエネルギーの単位であるJを使い分けていました。しかし、両者は共にエネルギーという実体を表していることに違いがないので、現在の科学では、エネルギーの単位としてJを統一的に使うことが推奨されています。しかし、私たちの日常的な感覚により近いcalの単位は現在でも使われています。日本でも尺貫の単位がまだ残っているのと同様です。

■ジュールの実験

それでは、本当にcalとJは本質的に同じものなのでしょうか？　19世紀の物理学者ジュール（Joule　単位Jはこの物理学者の名前に因んでいます）は図1-10のような装置

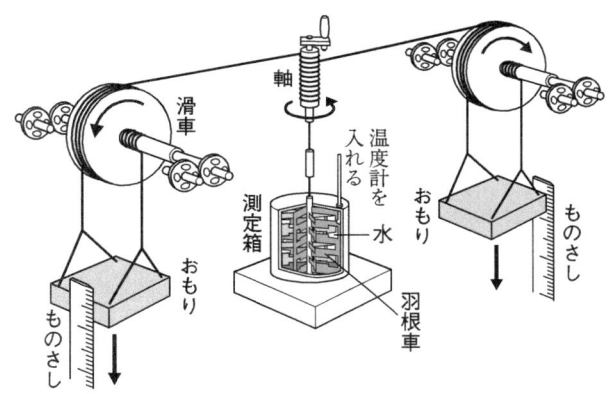

図1-10 Jouleの実験
位置エネルギーが熱エネルギー（運動エネルギー）に変換することの証明およびcalとjouleの換算比の測定
出典：文部省検定済教科書 高等学校理科用『詳説物理 IB 改訂版』三省堂（2000）より一部改変

を使ってこのことを証明しました。おもりが落ちるに従い（位置エネルギーが失われるに従い）、水の中の羽根車が回転し、水を攪拌します。攪拌により水分子の運動エネルギーが増加し、水の温度が上がります。この実験でジュールは確かに位置エネルギーが運動エネルギー（熱エネルギー）に変化することを証明しました。また、おもりが落ちる時の位置エネルギーが全て水の運動エネルギー（すなわち水温の上昇）に使われたと考えれば、2つのエネルギー単位の換算も行うことができます。現在の実験で得られている信頼すべき換算は1 cal＝4.186Jです。これを使うと、1 mの高さにある1 kgの物体が持っているエネルギーで、1 gの水は約2.3℃温めることができる勘定になります。

calは熱エネルギーとの関わりを強く意識するエネルギー単位ですが、Jはそうした束縛から逃れ、全ての形態のエネルギーについて使われます。

1-8　原子や分子の単位

　原子や分子の1個1個は極めて小さいので、それらを1個1個意識して考えると、常に大きな数を扱う煩わしさがあります。私たちの日常でも、同じです。自動車の排気量はccで表しても良いのですが、たいていの普通乗用車は1000cc以上なので、L（リットル）を使う方が、短い数字で表せて便利です。2000ccと書くより2Lの方が短くなります。大きなトラックの積載量もkgで表すよりはt（トン）で表す方が便利です。原子1個は極めて軽いので、6.02×10^{23}個のH原子があって、初めて約1gになります。私たちの重さの常識範囲はgからkgなので、6.02×10^{23}個の分子や原子を一塊で表すと、非常に扱いやすくなります。鉛筆を24本と呼ばずに、2ダースと言う方が、便利でスマートです。化学では6.02×10^{23}個をモル（mol）と呼びます。H原子1モルは約1gであり、H_2分子の1モルは約2gということになります。モルとは、原子や分子の数の単位で、全然難しい考えではありません。

　水素分子（H_2）と酸素分子（O_2）から水分子（H_2O）を作ることができます。この化学反応を次のように書きます。

$$2H_2 + O_2 \rightarrow 2\,H_2O$$

習慣として、この式は2モルの水素分子と1モルの酸素分子から、2モルの水分子が生成する、と読みます。重さで行けば、4gのH_2分子と32gのO_2分子を反応させて、36gの水分子が生じることを意味します。これ以降の化学式はすべてモル単位で表現されていることを忘れないで下さい。

1-9 化学結合のエネルギー
■化学結合が持つエネルギー

化学の中で最も重要な役割を演じるエネルギーの形態は、**化学結合エネルギー**です。いちばん単純な化学結合は水素（H_2）分子に見られます。図1-11に示すように2つの水素（H）原子から1個のH_2分子ができます。H原子には1個の電子しかありませんが、その電子を2つのH原子が共有すると、2つのH原子は離れなくなります。このことを、H原子は共有結合して、H_2分子を作ったと言います。（a）のように電子を小さな黒丸で表し、H原子間にできる共有結合を1対の小さい黒丸で表すこともありますが、多くの場合、黒丸を省き、（b）のように、共有結合

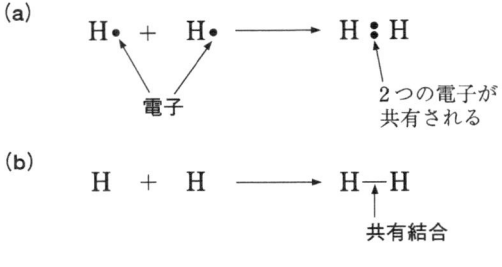

図1-11 水素原子から水素分子へ

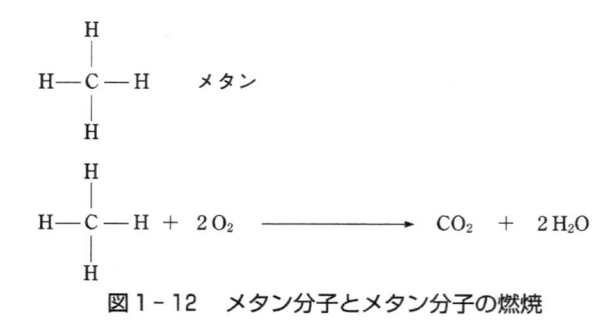

```
      H
      |
  H—C—H    メタン
      |
      H

      H
      |
  H—C—H  +  2O₂  ——————→   CO₂  +  2H₂O
      |
      H
```

図1-12　メタン分子とメタン分子の燃焼

を原子間に引いた直線で表現します。

　図1-12にはメタン分子を示します。メタン分子には4本のC-H共有結合があり、これらの結合にエネルギーを貯めます。C-H結合もやはりC原子からの電子1個とH原子からの電子1個を共有してできています。電子を共有すると安定化します。安定化した分だけそこにエネルギーが貯め込まれるわけです。メタンは天然ガスにも含まれ、燃料になります。つまり、燃えるとそのエネルギーを主に熱エネルギーの形で放出します。このように化学結合として貯められているエネルギーを「化学結合エネルギー」と言います。先に述べたロウソクが燃えて熱と光を発生するのも、実はロウソクを構成している炭化水素分子の化学結合エネルギーを利用したものです。

　エネルギーには種々の形態があることを述べてきました。エネルギーには変わりはないのですが、運動エネルギーや光エネルギーの形態は、そのままの形では保存し難い欠点があります。その点、化学結合エネルギーは、その保

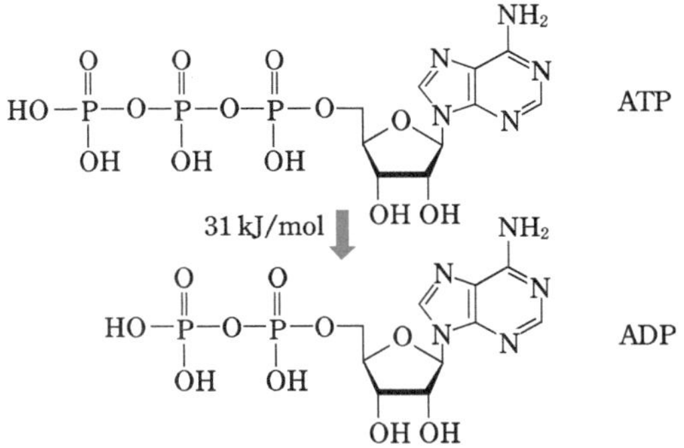

図1-13　ATPとADPの化学構造

存性に優れています。貯めておいて後で使えるというメリットです。石油や石炭などに蓄えてあるエネルギーは正にこの化学結合エネルギーであり、その保存性ゆえに重宝されています。エネルギーの形態の中で、化学結合エネルギーは生物にとって重要なものです。

　図1-13には、生物体内でのエネルギーの保存に使われている化学結合の代表を示します。この場合、複数のリン酸の化学結合部位にエネルギーが溜め込まれます。ATPはエネルギーが高い化合物で、このリン酸結合が1本切れて、ADPになる時、約31kJ/molのエネルギーを放出します。私たちの体はこの化学結合エネルギーを、分子の運動エネルギーに変えて体温を維持したり、筋肉の運動エネルギーに変えて行動したり、電気エネルギー（位置エネルギーの1つ）に変えて情報を伝達するなど、私たちを生かしておくために必要な様々な活動のエネルギー源にしています。

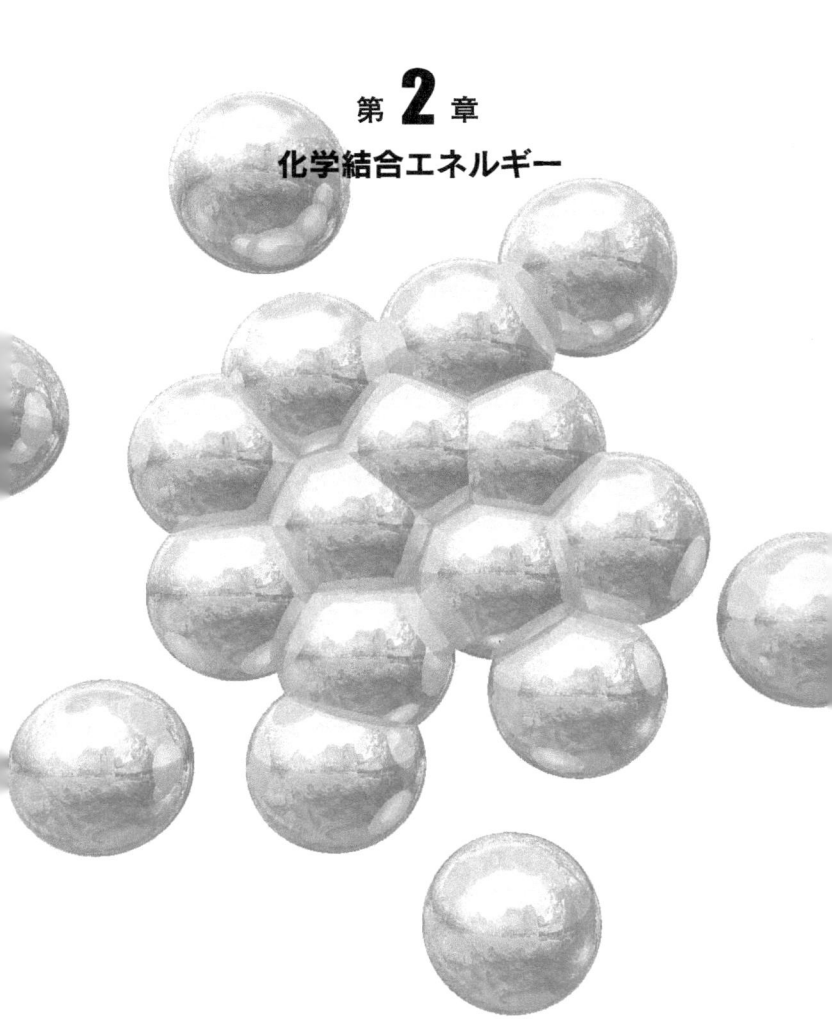

第 **2** 章
化学結合エネルギー

2-1　H原子からH₂分子へ
■原子はなぜ分子になるのか

　H原子はなぜH_2分子を作るのでしょうか？

　H原子はそれ自身では不安定です。不安定というのは、図1-1の例で言えば、坂の途中に物体があるようなものです。H原子のこの不安定性は、H原子が1個の電子しか持っていないことによります。電子は対になると安定になる性質を持っています。別の言い方をすれば、H原子は他の原子の中にある電子と対を作って安定化しようという傾向を持っています。この意味からH原子のエネルギーは高く、そのエネルギーを発散して、おとなしくなろうとしています。

　気体のH_2分子は安定に存在します。そこで気体のH_2分子の持っているエネルギーを0 Jとします。原子や分子が持っているエネルギーを考える時も、必ず1モル単位の値で示します。1モル当たりということを「/mol」で表します。上の0 Jは0 J/molということです。化学では、特に条件を特定しない時には、25℃で大気圧下という条件を標準的に考えることにしています。これを**標準状態**と呼びます。H_2分子自身が絶対的に持っているエネルギーはありますが、ここではH_2分子の持っているエネルギーとH原子の持つエネルギーの「相対的」な関係を考えるので、H_2分子（気体）が持っているエネルギーを任意に0 J/molとしても問題はありません。

　エネルギー0を基準とした場合、それよりエネルギーをたくさん持っている状態を不安定な状態と表現します。そ

第2章 化学結合エネルギー

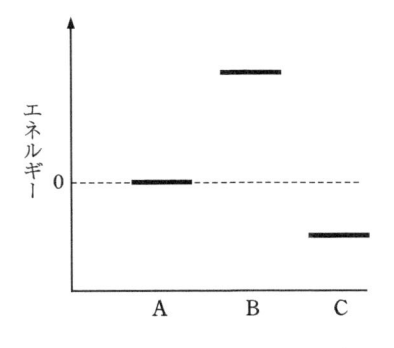

図2-1 エネルギー図

れに対して、0よりエネルギーが小さい場合には安定な状態と表現します。このような関係は図を使うと理解し易く、図2-1のような「エネルギー図」がよく使われます。この図で縦軸が、エネルギーの大きさを、横軸が原子や分子の状態を表します。この図で、Aの状態はエネルギーが0です。Bの状態はエネルギーが正（Aに対して）であり、Aの状態よりエネルギーを余分に持っているため、より不安定と言えます。高いところにあるものは、転げ落ちる危険性を持っているので、不安定ということです。これに対してCの状態は、エネルギーが負（Aに対して）になっていて、Aに比べればずっと安定ということになります。エネルギーが負というのは奇妙かも知れません。先に述べたように、私たちはあくまでも相対的な問題を考えるために、基準点に比較して負になっただけです。ある基準よりエネルギーが大きければ正で、小さければ負になるのです。どんな原子1個でも、それに内在しているエネル

ーの絶対値は絶対にゼロにはなりません。

■H_2分子の化学結合エネルギー

　H_2分子の話に戻ります。H_2分子1molのエネルギーを任意に0kJとすると、H原子1molのエネルギーは218kJになります。2molでは436kJになります。この様子をエネルギー図にすると、図2-2のようになります。H原子からH_2分子を作る化学反応を考えると、次のようになります。括弧内のgは気体（gas）の状態を表します。

$$2H(g) \rightarrow H_2(g) \qquad (2\text{-}1)$$

反応の前後でエネルギーは生成も消滅もしないので、この変化の前後でもエネルギーの総量は変わりません。したがって、エネルギーまで考慮すると上式は

$$2H(g) = H_2(g) + 436\text{kJ/mol} \qquad (2\text{-}2)$$

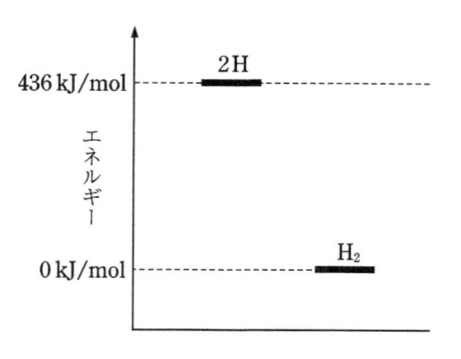

図2-2　水素原子と水素分子の持つエネルギー

と書けます。等号にしたのは、両辺でエネルギーを含めた物質の収支が変わらないことを示すためです。化学結合が生成すると、安定化した分のエネルギーが余ります。もし**このエネルギーがどこにも行かないと、この反応は右にも左にも進みません**。なぜなら、(2-2)の左右は完全に等しいので、右に行く（H_2分子を作る）理由も左に行く（H原子に分解する）理由もないからです。公園にあるシーソーでは、両側が全く同じ位置になっていることを意味します。これでは静止した画像のように、いくら時間が経っても何の変化も起こらないことになります。

　しかし、H原子は地球上の通常の状態では原子としては安定に存在せず、すぐさまH_2分子を形成します。つまり、(2-1)の反応は右側に進みます。なぜでしょうか。436kJ/molの化学結合エネルギーは、H_2分子の運動エネルギーとしてすぐさま使われるからです。

　(2-2)の反応では、化学結合エネルギーで安定化した分のエネルギーを分子の外に出します。したがってこのような反応は発熱反応と呼ばれます。熱エネルギーとは、既にお話ししたように、分子の運動エネルギーです。発熱反応とは、反応生成物（分子）も含め、その反応に関与している分子の運動エネルギーに、化学結合エネルギーが変わる反応と言えます。それらの分子の運動は、その周囲にある物体や空間を構成する分子をさらに運動させ、このエネルギーは拡散していきます。

■化学結合エネルギーの行方

　熱が物質を構成する分子の運動によって伝達されることは既に述べました。反応によって放出されたエネルギーは、その反応系の外側にある分子まで運動させることになります。つまり今、ある容器の中で反応を行えば、反応容器が非常に熱くなるほど熱が出る、ということになります。

　繰り返しになりますが、容器が熱くなるとは、容器を作っている分子や原子の運動エネルギーが大きくなることです。容器はさらにその周りの空気分子の運動も大きくします。結果的に、非常に多数の分子を運動させることになり、時間が経つと反応に関係している分子の運動もいつしかあまり大きくなくなります。つまり、いったん上昇した温度は、時間と共に下がり、最終的には、実験室の温度と同じになります。

　化学結合エネルギーはすべて吸い込まれていったように見えますが、実はなくなったわけではありません。ちょうど1億円のお金を全国民にばら撒くようなものです。山と積まれた札束も、結局は一人当たり1円という、有り難みのないものになってしまいます。1億円は決して消えたわけではありません。決して消えたわけではない1億円ですが、1億人から1円ずつ回収して、もとのまとまった1億円にするのはほぼ絶望的です。

　このように、化学エネルギーから変換された運動エネルギーは、放っておくと、どんどん周りの物体に吸い込まれていき、その反応系に止まってはいません。水が高い所か

ら低い所に自然に流れていくように、温度もいつの間にか、低くなります。長くなりましたが、このために(2-1)の反応は自然に進むことになります。もし、反応容器と外部との間を遮断して、熱つまり分子運動が伝わらないようにすると、(2-2)の右側に進む反応で放出されなければならないエネルギーが反応容器内に閉じ込められるために、そのエネルギーを使って、H_2分子は再びH原子に分解されてしまいます。

2-2 エンタルピーという考え方
■総エネルギーを考えよう

$$2H(g) = H_2(g) + 436 kJ/mol \qquad (2\text{-}2)$$

この化学式は等号で結ばれているので、左辺と右辺が等しいことを意味します。等号はエネルギーが等しいという意味です。2個のH原子が存在していることは左右で変わりませんが、それらの原子の持っているエネルギーが異なります。(2-2)式が成り立つのは25℃で大気圧下の場合です。25℃は少し暖かめの温度ですので、分子や原子は相当激しく運動しています。

したがって、「総エネルギー」という観点から2HとH_2の状態を表現するためには、いくつかの異なるエネルギーの形式を考慮する必要があります。**化学結合エネルギー、運動エネルギー、位置エネルギー**などの異なるエネルギーです。しかし、(2-2)の等号関係を考える上で、それらの複数のエネルギー形式を一々取り上げて書くのは厄介です。

そこで、すべてのエネルギーをひとまとめにした「**エンタルピー**」という量を考えると、とても便利になります。

私たちが通常の化学実験を行う時、また生物体内での化学反応が起きる時の圧力は、大気圧というほぼ一定の圧力です。そこで一定の圧力の下で、**ある物質（ここでは原子や分子を指しますが）が持っている総エネルギー**をエンタルピー（enthalpy）と定義します。H原子と紛らわしいのですが、エンタルピーはHという記号で表します。さて、2HとH$_2$は、2個のH原子を持っているという意味で全く同じですが、一方は原子状態そして他方は分子状態です。エンタルピーで表すと（2-2）式は

$$H(2H) = H(H_2) + 436 \text{kJ/mol}$$

ということになります。

反応前と反応後のエンタルピーをそれぞれ$H_{開始}$そして$H_{終了}$と表すと、この場合であれば、

$$H_{開始} = H_{終了} + 436 \text{kJ/mol}$$

ということになります。

エネルギーは決して消滅しません。したがって、分子になることで減少した（安定化した）エンタルピー分のエネルギーは、分子や原子の内部から外に出ます。ある変化に伴うエンタルピーの変化は通常

$$\Delta H = H_{終了} - H_{開始}$$

の形で表します。この反応では、ΔHは-436kJ/molにな

ります。ΔHの符号が負になる反応は、生成物が反応物より安定になり、その安定化分のエネルギーを運動エネルギーとして放出します。別の言い方をすると、熱が放出されることになります。繰り返しますが、熱の実体はあくまで分子の運動です。しかし、現象として私たちが観測するのは、熱が発生することですから、このような反応を発熱反応と呼びます。熱量計という装置を使って、発生する熱エネルギーを測定することができます。上の反応での436kJ/molはこのようにして実際に測定されたものです。

■エンタルピーについて、もう少し考察してみよう

例えばH_2分子が持っているエンタルピーというと、定義にしたがえば、この状態の全エネルギーになります。しかし、この値を直接求めることは実際には非常に難しい問題です。したがって、エンタルピーの絶対値を問題にすることは化学ではほとんどありません。**問題にするのは常に相対値であるΔH**です。

25℃、1気圧下の標準状態で、分子や原子を生成するために必要なエンタルピーを**標準生成エンタルピー**と言い、$\Delta H°$で表します。このように標準状態での値を表す場合には、肩に「°」を付けるのが習慣になっています。

標準生成エンタルピー、$\Delta H°$は相対値ですから、この場合H_2分子を生成するための標準生成エンタルピーを任意に0にすることができます。そうすると、H原子の標準生成エンタルピーは217.97kJ/molと実験で求める事ができます。本来は標準生成エンタルピー差と呼ぶべきですが、標

準生成エンタルピーと呼ぶのが習慣になっており、(2-2)のような状態の変化がある時にのみ、標準生成エンタルピー差と呼びます。標準生成エンタルピーは、略して標準エンタルピーとも呼ばれます。

これまでに多くの物質について、付表1のように標準生成エンタルピーが実験的に求められています。この表にある値を上手に使えば、化学反応に伴い出入りするエネルギーの量を知ることができます。付表1の値の実験的な求め方については、本書の範囲を少し超えますので、省略します。これらの値は実測することが可能ですので、この表にない分子についても実験すれば求めることができます。実際に、これ以外に多くの物質について測定がされていて、このような表が作られています。

■アルコール燃焼の場合

付表1の値を使って、次の反応に伴うエンタルピー変化を求めてみましょう。この反応は、アルコール・ランプが燃える反応です。つまり、メタノール（メチルアルコール）を酸素で燃焼させる（酸素で酸化する）反応です。完全燃焼をすると、二酸化炭素と水が生じます。

$$CH_3OH(l) + \frac{3}{2}O_2(g) \rightarrow CO_2(g) + 2H_2O(l) \quad (2\text{-}3)$$

括弧内の l は液体（liquid）状態を意味します。同じ分子でも状態によって標準生成エンタルピーは異なるので、必ずこのように状態を明記します。付表1にあるように、同じ H_2O でも液体（l）の標準生成エンタルピーは気体（g）よ

第2章　化学結合エネルギー

り、44kJ/molも小さくなります。標準状態では、水は液体の方が気体よりずっと安定であることを意味します。

表から液体のメタノール、気体の二酸化炭素そして液体の水の標準生成エンタルピーはそれぞれ－238.9、－393.5および－285.8kJ/molであることが分かります。この場合、酸素分子の標準生成エンタルピーを基準にとるので、その値は0になっています。したがって、

$\Delta H = \Delta H(生成物) - \Delta H(反応物)$
　$= \{-393.5 + 2 \times (-285.8)\} - (-238.9) = -726.2\,\text{kJ/mol}$

となります。－285.8に2をかけてあるのは、2モルの水分子が生成するからです。(2-3) 式で、生成物全体のエンタルピーが反応物全体より726.2kJ/mol減るので、左右のエネルギーを等しくするには次式のようになります。

$$CH_3OH(l) + \frac{3}{2}O_2(g)$$
$$= CO_2(g) + 2H_2O(l) + 726.2\,\text{kJ/mol} \quad (2\text{-}4)$$

したがってこの反応では、726.2kJ/molのエネルギーが放出されることになります。つまり発熱反応になります。これは私たちの経験とも一致します。アルコール・ランプの熱でコーヒーを入れることができます。メタノールは燃えると（炭素と水素原子に分解して酸素と結合すると）、多量の熱を発生します。熱とは、燃焼で生じる二酸化炭素と水分子（気体）そしてランプのそばにある空気の分子の運動エネルギーの上昇（運動が激しくなること）を意味します。これらの大きな運動エネルギーを持った気体分子が例

えばサイフォンのガラスの底に激しく衝突して、ガラスの分子の運動を激しくします。これがサイフォンを加熱し、さらにそこに入っている水分子の運動を激しくして、お湯にすることは、既に説明した通りです。

アルコール・ランプの火は決して読書に使えるほど明るくありませんが、それでも光を出します。つまり、726.2 kJ/molは全てが運動エネルギー（熱）に変わるのではなく、その一部は光エネルギーにも変わります。アルコールの燃焼は、周囲にある分子に運動エネルギーや光エネルギーを与えるため、726.2kJ/molのエネルギーは周囲に次々と吸い込まれていきます。さらに、ランプの芯の付近にあるアルコール自身も加熱され、より燃えやすくなります。したがって、いったん火が着くと (2-3) の反応は決して左側に進むことはなく、アルコールがなくなるまで、どんどん右側に進んで燃えていきます。

2-3　結合生成エンタルピー
■結合を切断するのに必要なエネルギー

分子内にある原子間の結合を切断するには、エネルギーが必要です。O_2分子は安定に存在する分子であり、2つのO原子は二重結合で結合しています。O＝Oということです。この二重結合を切り、自由な2つのO原子にするためには、外側から498.7kJ/molのエネルギーを加えることが必要です。このように、化学結合（共有結合）の切断に必要なエネルギーのことを**結合切断エンタルピー**と呼びます。逆に見れば、結合切断エンタルピーに相当するエンタ

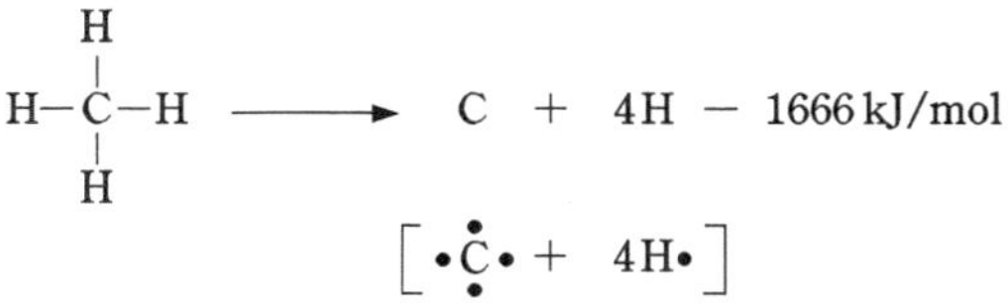

$$\begin{array}{c} \text{H} \\ | \\ \text{H}-\text{C}-\text{H} \\ | \\ \text{H} \end{array} \longrightarrow \text{C} + 4\text{H} - 1666\,\text{kJ/mol}$$

$$\left[\,\cdot\overset{..}{\text{C}}\cdot\ +\ 4\text{H}\cdot\,\right]$$

図2-3 メタン分子の原子への分解

ルピーが共有結合を作るときには吸収されなくてはなりません。結合を作るという意味から、このエンタルピーを**結合生成エンタルピー**と言います。この例のO=Oの場合、結合を作る結合生成エンタルピーは−498.7kJ/molになります。絶対値が同じで符号がマイナスになるのは、結合を作ることで安定になるからです。**エネルギーの符号はその値が小さくなるほど安定になるように決める**のが習慣です。

図2-3にはメタン分子(気体)の原子への分解を示しました。メタン分子には4本のC-H共有結合があり、全ての結合を切断するために必要なエネルギーはここに示すように1666kJ/molとなります。したがって、1本のC-Hの結合生成エンタルピーは−414kJ/molということになります。

このエネルギーは実験的に求めることができます。種々の原子の間の結合生成エンタルピーを実験的に求め、それらを平均すると、付表2のような値が求められます。この表の値は、すべて気体状態のものです。横に書いた原子Aと縦に書いた原子Bの交わるところにA-B結合の結合生成エンタルピーが示されています。縦の原子の列にある−は単結合を表します。=は二重結合、≡は三重結合を示し

す。例えば、CとC=の間の結合、つまりC=C結合の結合生成エンタルピーは-620kJ/mol、そしてC-とOの間の結合、つまりC-O結合の結合生成エンタルピーは-351kJ/molになります。

全ての結合生成エンタルピーの符号は同じで、どの結合もできると安定（マイナス）になることを示しています。付表2の値は多くの分子の中で求められた値の平均値を示しています。実は、たとえ同じC-O結合でも分子の中の環境によって、結合生成エンタルピーの値は少しずつ変わります。しかしこの表を使えば、化学反応（化学結合の生成および分解）に伴うエネルギーをおおよそ見積もることができます。このような見積もりは、目的とする化学反応が起こるのかどうかを予測する上で、非常に役に立ちます。

■過酸化水素の分解

過酸化水素$H_2O_2(g)$を分解する反応を考えると、少なくとも次のような2通りの分解のされ方があります。

$$2H_2O_2(g) \rightarrow 2H_2O(g) + O_2(g) \qquad (2\text{-}5)$$
$$H_2O_2(g) \rightarrow H_2(g) + O_2(g) \qquad (2\text{-}6)$$

（2-5）は水と酸素分子ができる反応で、（2-6）は酸素分子と水素分子ができる反応です。このどちらが起こり易いかを考えてみましょう。

まず（2-5）の化学反応を等号で表すために、結合生成エンタルピーを計算します。過酸化水素分子はH-O-O-Hという分子構造をとるので、分子内にはH-Oという結合

が2本、O-O結合が1本あることになります。これらが結合するためのエンタルピーは付表2から簡単に、

$$-460 \times 2 + (-142) = -1062 \mathrm{kJ/mol}$$

と求められます。結合の生成は結合の切断の逆で、結合を作ることによりエネルギーは安定になるので、結合生成のエンタルピーの符号はマイナスになります。したがって、この場合の結合生成エンタルピーは−1062kJ/molとなります。以下、結合生成エンタルピーで話を進めます。(2-5)式にあるように2モルのH_2O_2では、その結合生成エンタルピーは2倍の−2124kJ/molとなります。

水分子には2本のH-O結合がありますので、その結合生成のエンタルピーは

$$2 \times (-460) = -920 \mathrm{kJ/mol}$$

になり、2分子では4本分の−1840kJ/molです。また酸素分子内でO原子同士は二重結合（O=O）していますから、付表2でO=Oを探すとその結合生成エンタルピー−499kJ/molが求められます。ここでは化学結合が切断そして生成する時に、化学結合以外のエネルギーは全く変わらないと考えます。つまり、(2-5)式の両辺にある分子の結合生成エンタルピーのみに差が出て、その差ΔH（右辺−左辺）は

$$\Delta H = \{4 \times (-460) + (-499)\} - \{2 \times (-1062)\}$$
$$= -215 \mathrm{kJ/mol}$$

になります。符号がマイナスになるのは、右辺の分子の結合生成エンタルピーの絶対値が大きく、その分だけエネルギーが減少している（安定化している）ことを示します。したがって、(2-5) 式をエネルギーの観点から等号で表すと

$$2H_2O_2(g) = 2H_2O(g) + O_2(g) + 215\,kJ/mol \qquad (2\text{-}7)$$

となります。結合が安定になった分のエネルギー 215kJ/molは、分子の外側に吐き出されなくてはいけません。実際には、このエネルギーのほとんどが反応に関わっている分子の運動エネルギーに変わるので、この反応は熱を出します。このような反応を発熱反応と呼ぶことはすでに述べたとおりです。

まったく同様にして (2-6) に対応する式を求めてみると、右辺と左辺の結合生成エンタルピーの差は127kJ/molとなり、同様にエネルギーの観点から等号で表すと

$$H_2O_2(g) = H_2(g) + O_2(g) - 127\,kJ/mol \qquad (2\text{-}8)$$

となります。今度は、右辺の127kJ/molにはマイナスの符号が付いています。これは、左辺の分子より、右辺の分子の方がエネルギー的に高いことを意味します。つまり、この反応では－127kJ/molのエネルギーを与えないと、右辺は成り立たないことを示しています。化学反応を起こさせるためにエネルギーを与える最も一般的なやり方は加熱であり、このような反応を吸熱反応と言います。

これら2つの反応のエネルギー図を図2-4に示します。

第2章 化学結合エネルギー

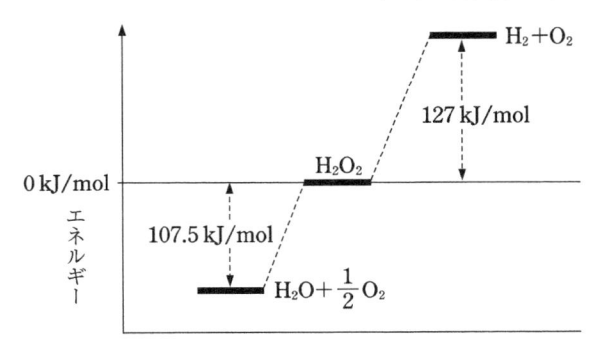

図2-4 過酸化水素ガス（H_2O_2）分解のエネルギー図

直感的に判断すると、(2-7)の反応はH_2O_2から山を下る方向に進むので起こりやすく、(2-8)の反応はH_2O_2から山を上がらなくてはいけないので起こりにくいことが分かります。実際に、発熱反応は多くの場合、自然に起こります。これはちょうど砂漠の中にまいた少量の水は自然に砂漠に吸い込まれてしまうのと同じで、ここで発生するエネルギーもほとんどの場合運動エネルギー（熱）に変わり、放っておいても反応物質を含む環境に吸い込まれていきます。つまり、(2-5)の反応は特に何もせず進んでいきます。

一方、吸熱反応では、新たな結合を作り出すためには余分なエネルギーが必要なので、そのエネルギーを供給しなければいけません。ですから、放っておいても吸熱反応が進むことはなく、したがって加熱する必要があります。

このように反応前後の分子の結合生成エンタルピーを求めると、その反応が起こり得るものかどうかの推察ができ

ます。お金を貯める（吸熱する）のは大変です（努力が要ります）が、使う（発熱する）のは訳なくできます。気が付かないうちに、残高が０になっていることもあります。同様に結合生成エンタルピーを運動エネルギーや光のエネルギーとして外に放出する、言わばお金を使う方向への化学反応は自然に起こります。

2-4　エネルギーだけでは語れない化学反応の面白さ

　図2-5に、化学反応の１つの例を図示します。この反応では、A_2分子とB_2分子が反応してAB分子が２個できます。図のようにA_2とB_2の結合生成エンタルピーより2ABの結合生成エンタルピーの方が低いことが分かっています。したがって何も反応を妨げるものがなければ、高い所から低い所に水が流れるように右側に進むことになります。つまり発熱を伴う反応がなぜ進むかは、理解できました。

　しかし、この種の反応ばかりでは、常にエネルギーが安

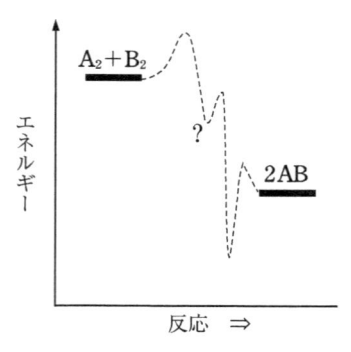

図２-５　化学反応のエネルギー図

定な方向に進むばかりです。私たちは生まれたら、必ず死ぬ方向のみに向かいます。そういう意味では、この一方向的な反応は別に驚くことではありませんが、少なくとも地球ができてから気の遠くなるほどの長い時間が経っているのですから、この反応しか世の中にないと、とうの昔に世の中は最安定な状況に落ち込んでしまっているはずです。私たちも当初持っていたΔHに相当するエネルギーを使い切ったら、それで終わりになります。何とも面白くない話です。

　でも、安心してください。この世の中を面白くしているのは、エネルギーだけではないのです。お金を持っていないと話にはなりませんが、ただ銀行に預けておいても楽しさはあまり多くありません（そういう人もいるかも知れませんが）。お金（エネルギー）は使ってこそ、楽しいわけですが、お金（エネルギー）で買えるいちばん重要なものは自由です。この「自由」とは実は単なる概念的なものではなく、そこには科学的な実体を認めることができます。もちろんエネルギー（お金）がいちばん重要です。これがないとそもそも何も起こりません。しかし、エネルギー（お金）だけでは決まらない、自由という彩りがあって、初めて世の中は多様で面白いものになるのです。化学反応に限らず「自由」は極めて重要です。その「自由」の程度を表す量をエントロピーと言います。その話を次章からすることにします。

第 **3** 章
状態を表す指標 ──エントロピーとは

3-1 「だらしない」ということ
■世はすべて乱雑に向かう？

　筆者はあまりまめではなく、書斎の本棚の中の本、雑誌、資料などは通常は雑然と並んでいます。置いてある場所に全くルールがないわけではありませんが、そのルールには特定の方向性がありません。ところが、例えば本書の執筆を開始すると、ある本棚の一部に、次々と関連のありそうな本や資料が集合して行きます。このような集合が臨機応変にできる程度の雑然さであれば、普段は差し支えない、というのが私の考え方です。必要な本や雑誌が部屋のどこにあろうと、それ自体の価値に変わりはありません。ところが、本棚の一隅にそれが集合すると、ある本を執筆しようとする目的のためには、ずっと価値が高くなります。このように、全く同じものでもそれらが多くの中に埋もれている場合と、それらを選り分けておくのでは、少なくとも利便性という点から格段の差があります。

　ただ、筆者のように、かなり「だらしない」と、多くの本や資料の中から特定のものを本棚の一隅に集めるのさえ億劫になり、いつの間にか建て前とは裏腹に、あたかも必要な資料が狭い書斎の中から忽然と消えてしまったかのような状況が少なからず起こります。これらを捜索して、揃えるのに、絶望的な時間を1ヵ月も要することが少なくありません。つまり、それには少なからずエネルギーを消耗することになります。言い訳ではありませんが、これは私の「だらしない」性格だけに由来するものでなく、物理の法則によるものなのです。私は身をもって物理の法則を感

じているに過ぎないのです。

　大学生でも1年生の新学期の初めの講義の時には、比較的まともに席に着いていますし、定足数を満たす席が埋まっています。しかし、講義も2回目以降になり、さらにゴールデン・ウィークを過ぎると、空席が目立ち、講義の最中にも平気で教室内を動き回る学生がでてきます。実はこれも物理の法則です。もちろん、理性がありそれを実行できるだけのエネルギーをもった学生は、最初から最後まできちんとしていますが、本質的に彼等に対しても全く同じ物理の法則が成立しています。この物理の法則とは、一言で言えば、「世の中はどんどん乱雑な方向に進む」という法則です。物理の法則というと、何かそこには実体（もの）が伴っていると一般には思われがちですが、実はこのように実体には依存しない法則もあり、それが非常に重要であることが少なくありません。別の言い方をすると、**「こと」の起こりようを決めている法則がある**ということです。

■もう元にはもどらない！

　釣りで有名な太公望は、中国古代の西周の建国に尽くした軍師でした。太公望は、結婚後も読書にふけってばかりいるので妻は愛想をつかし、離婚してくれと頼み、離婚しました。その後、太公望は貧乏な生活をして、生活のために黄河の支流の渭水で釣りをしているところを、周の文王に見出されたということです。その後は、出世をして軍師として活躍したそうです。離婚を望んだ妻は、出世した太

公望を見て、再縁を頼みました。しかし、その時、太公望は盆の水をこぼさせて、この水をすべて盆に戻すことができたら、再婚しても良いと言ったということです。これが「覆水盆に返らず」の故事のいわれです。

　同じような諺はいろいろな国にあります。英語ではよく入試問題などにも出た"It is no use crying over spilt milk."があります。「こぼしたミルクはどうしようもない」、つまり使うことができない、ということです。訳としては「後悔先に立たず」という恐ろしげなものもあります。

　これらの故事や諺は私たちの日常経験に基づいたものであり、小学生になれば誰でも納得できることです。24色のクレヨンを箱から全て無造作に出して、お絵描きをした後で、それらのクレヨンを箱に戻すことは誰でもできますが、床にこぼしてしまったオレンジジュースはモップで拭き取るしかありません。時に涙を伴う経験を通して、私たちは液体をこぼしたら二度と戻せないが、クレヨンならどんなに散らかしても時間さえかければ元の箱に並べることができることを学びます。実は私たちは経験を通して物理の法則を学んだのです。

　その法則とは、「整理された状態から乱雑な状態になるのは容易(たやす)いが、乱雑な状態から整理された状態にするのは大変であり、多くの場合絶望的なことである」というものです。この法則は人生のあらゆる局面で出てきますので、私たちが生きる上でも非常に重要な法則です。しかし、多くの場合これを物理の法則と知らないために、妙にその事件に関わった人の人格や性質に絡めてしまうことがありま

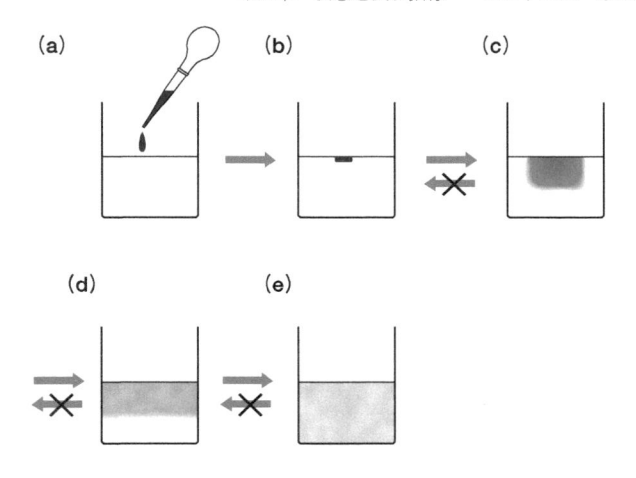

第3章　状態を表す指標——エントロピーとは

図3-1　インクを水に落とす

す。

　上の問題を少し化学的な場合で考えてみましょう。図3-1のように水の中に赤いインクを1滴落とすことを考えます。実験をするまでもなく、水に落ちたインクは時間と共に水全体に徐々に拡散していき、最終的に水全体が均質で、何となく赤い状態になることが予想されます。均質な薄い赤の水（e）は、どんなに待っても（b）の状態になることはない、ましてや（a）になるなどということはないことも私たちは日常的な経験から知っています。ビーカーの中の水に広がった赤インクが自動的に元の位置に集合して1滴の赤いインクになることはほとんど不可能です。「整理された状態から乱雑な状態になるのは容易いが、乱

雑な状態から整理された状態にするのは大変であり、多くの場合絶望的なことである」という法則が成り立っているからです。

3-2　状態の数と変化の方向性
■なぜだか分からないが例外のない事実

1滴の赤インクをビーカーに入った水に落とす場合を、簡単なモデルにして考えてみましょう。図3-2（a）のように15個の箱を考えます。15個の水の箱があり、そこに赤いインクの色素分子がしみ込むということです。この15個の箱は全く等価であると仮定します。この仮定が本当に成り立つかどうかは重要な問題です。実はこの仮定が正しいかどうかを証明することはできません。しかし、このような仮定をして考えることで、実験結果をよく説明することができます。別の言い方をすれば、このような仮定を用いて得られた実験結果が、その仮定と矛盾することはこれまで

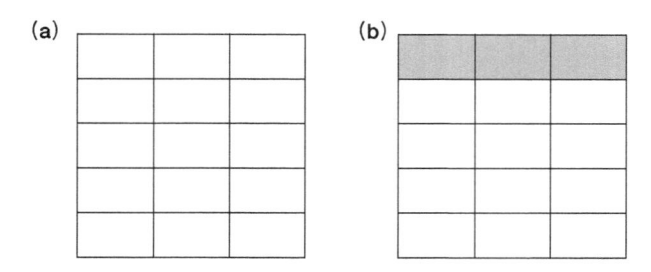

図3-2　15個の等価な箱を水分子または色素分子が占める

一度もなかったということです。さらに各々の箱には赤インクの色素分子は1個ずつしみ込むことができると仮定します。

赤インクを滴下した直後は図3-2（b）のように色素分子が上の3個の箱を占めます。残りの12個の箱は水分子のみが占めます。このような状態は1個しかありません。つまり状態の数をWで表すと、$W=1$となります。

色素が水と混合し始め、上から2層目まで色素が浸み込むと考えると、状況はやや複雑になります。図3-3のように、20通りの異なる状態の占め方が考えられます。したがって$W=20$ということになります。この数は、上から2層の6個の箱を3個の色素分子が占める場合の数ですから、数学の記号を使えば$_6C_3$ということになります（付録参照）。上から3層まで拡散すると、異なる状態の数は$_9C_3=84$になります。いちばん下の層まで広がる場合、即ちここで考える水全体に拡散する場合、3個の色素分子が異なる仕方で分布する状態の数は$_{15}C_3=455$通りになります。仮に10層まで色素分子が拡散できるとすると、状態の数は$_{30}C_3=4060$通りになります。色素分子が水の中に拡散する範囲が広くなると、爆発的に状態の数が増えることがこの結果から分かります。図3-4にこの様子を示します。

さて「状態の数が増えること」と、「その状態をとること」との間にはどのような関係があるのでしょうか？　私たちの経験では、赤インクは特にかき混ぜなくても自発的に（自然に）拡散していき最終的にビーカー全体に行き渡

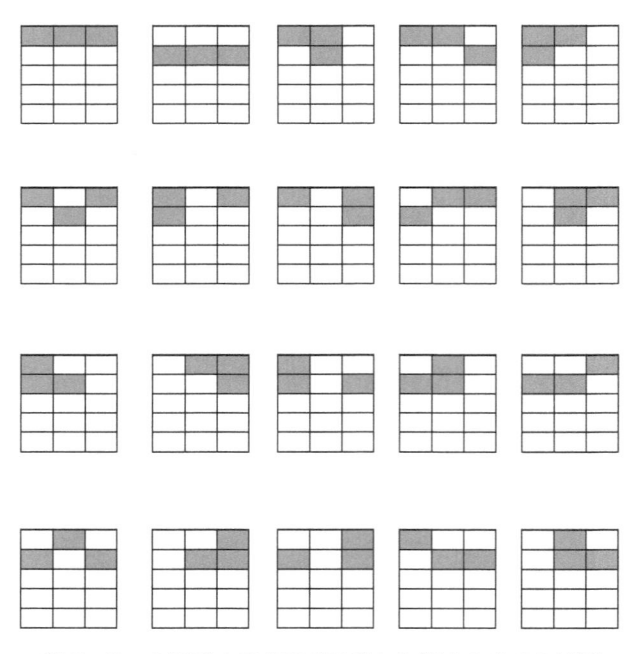

図 3−3　2 層目まで色素が拡散した場合の全ての状態

ります。赤インクは局在している（1ヵ所に集まっている）より、ビーカー全体に拡散する傾向があるので、特に混ぜなくても自然に広がるわけです。この経験的事実と照らし合わせると、「自発的に進む方向は、状態の数が増える方向である」と言うことができます。「自発的」とは「放っておけば、自然にそうなる」ことを意味します。つまり赤インクの色素分子は、第 1 層に止まっていないで、液全体に拡散するが、それは取り得る状態の数を最大に増

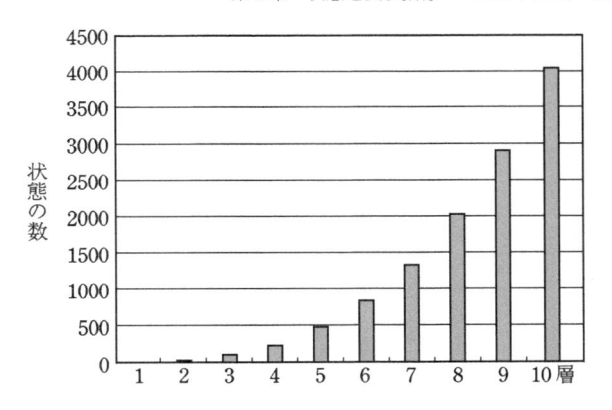

図3-4　拡散する層の数と取り得る状態数の関係

加する方向に向かうからです。そこには表立って何らかのエネルギーが働いているようには見えません。

3-3　浸透が起こるわけ

　動物のぼうこう膜やセロハン膜にある孔は、水のような小さな分子を通しますが、大きなイオンや分子は通しません。このような性質の膜を半透膜と言います。図3-5（a）のようにこの孔を通れない溶質分子の水溶液と水を半透膜で仕切ると、水は左右で行き来できますが、溶質分子は通れないので、右側から移動できません。このような状態でしばらく放置すると、図3-5（b）のように右側の液量が上昇します。もし左右の液面を同じ高さにしようとすると、右側に圧力をかけなくてはなりません。このかけるべき圧力のことを、浸透圧と呼びます。浸透圧は私たちの体

(a)

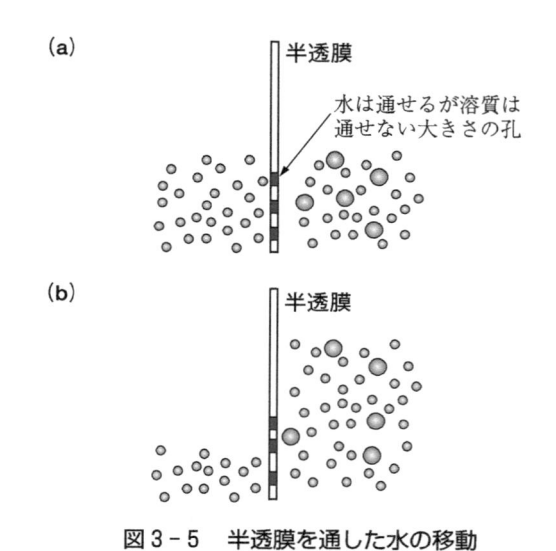

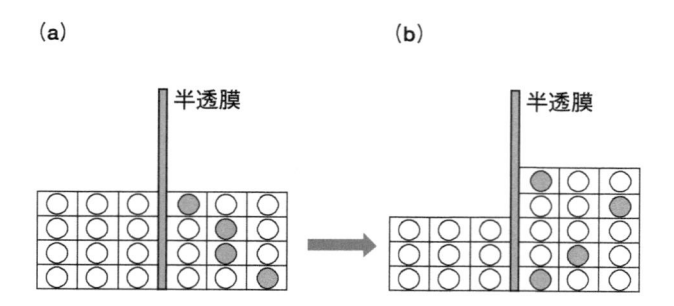

(b)

図3-5　半透膜を通した水の移動

(a)　　　　　　　　　(b)

図3-6　浸透と状態数の関係

内の種々の体液の恒常性を保つ上で、非常に重要な働きをしています。

この浸透圧という現象も実は状態の数と密接に関係します。問題を簡単にするために、図3-6のように左右に12個ずつの箱があり、右側の溶液には4個の溶質分子が溶けた場合を考えます。まずこの時の、左右の状態の数を求めてみます。左側の水だけの方は、水分子は区別できないので、状態は1個しかありません。それに対して右側では、12個の箱の中の任意の4個を溶質分子が占める全ての状態の数ですから、$_{12}C_4 = 495$通りです。次に3分子の水が右側に移った図3-6（b）の場合について考えてみましょう。やはり左側の状態の数$W = 1$となります。右側には水分子が3個入り、箱の数が15個になりましたので、4個の溶質をこれらの箱に分配する状態の数は、$_{15}C_4 = 1365$通りということになります。「自発的に進む方向は、状態の数が増える方向である」という先の法則を当てはめると、図3-6（b）の状態へは自発的に進むことになります。

3-1の最後に「整理された状態から乱雑な状態になるのは容易いが、乱雑な状態から整理された状態にするのは大変であり、多くの場合絶望的なことである」と述べましたが、このことと「自発的に進む方向は、状態の数が増える方向である」ことは全く同じことです。乱雑という言葉が否定的でそぐわないなら、**自然界はより可能性を求めて発展しようという傾向を本質的に持っている**ということです。

図3-6（b）はどこまで進むのでしょうか？ 右側にある溶液の重さが右側に行こうとする水の圧力（浸透圧）と

釣り合うところで止まります。

3-4　高温の物体から低温の物体に熱が移動する理由
■状態の数を数えると

　高温の金属を低温の金属に接すると、どうなるでしょうか？　既に似た問題を議論しました。私たちの経験から、高温の金属から低温の金属にエネルギーは移り、最終的に2つの金属は同じ温度になるだろう、ということは推定できます。または私たちの経験からは、接した2つの金属が同じ温度の場合、自然に（つまり何も外的に作用させないと）片方だけが熱く、一方が冷たくなることはあり得ません。前者の自明とも思われる問題をここでは考えてみます。

　ここでは合金ではない金属を考えます。実際の金属では金属原子は3次元的に配列されていますが、簡単のため

図3-7　5個の原子からなる金属
(a) エネルギー0の場合
(b) 1単位のエネルギーを与える場合に取り得る状態

第3章 状態を表す指標——エントロピーとは

に、金属原子の1次元的な配列を考えてみます（図3-7(a)）。各○が金属原子を表すとします。これらの金属原子にエネルギーを与えた場合、どのようにエネルギーは分配されるでしょうか？

エネルギーは通貨と同じように、全て整数の形で分配されます。1000円を分配する時、最低の分配金は0円ですが、次に大きな分配金は1円です。1.5円も0.7円もありません。以降1円きざみで最大1000円の分配金となります。ここではエネルギーの現実的な量は特に問題にしませんので、簡単のために1単位、2単位と呼ぶことにします。いま、1単位のエネルギーを図3-7(a)の5個の原子に与える場合、その分配の仕方は、図3-7(b)のような5通りがあります。数学の記号を使えば $_5C_1$ 通りということになります。

分子の状態の数を数え上げた場合と似ていますが、異なる点は重複を許すという点です。したがって、エネルギーを2単位以上与える場合に大きく違って来ます。各原子は複数単位のエネルギーをもらうことができるからです。一人当たり、原資の範囲であれば上限無しという好条件です。先ほどの例であれば、一人で最大1000円もらえるということです。2単位のエネルギーが配分された場合を考えます。まず2単位を1個の原子がもらう場合を考えると、図3-8(a)のように、5通り（$_5C_1$）になります。次に1単位を2つの原子に渡す場合を考えると、図3-8(b)のように10通り（$_5C_2$）になります。

したがって、2単位のエネルギーを与える時の状態の総

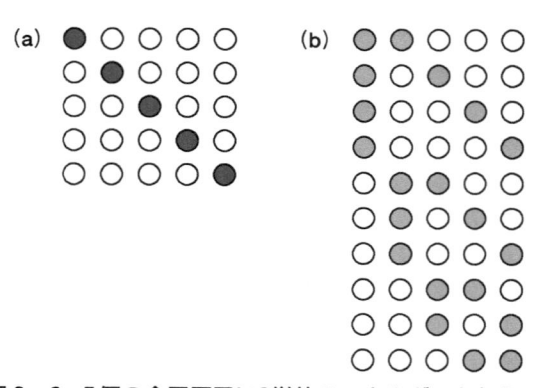

図3-8 5個の金属原子に2単位のエネルギーを与える場合
(a) 各原子に2単位ずつエネルギーを与える場合
(b) 1単位のエネルギーを2個の原子に与える場合

数Wは15通りになります。分配されるエネルギー単位の数が増えると、このような図で書くのは少し面倒になります。数学はこういう時に便利です。もし法則性が分かれば、それを式にして、後は「以下同文……」とやれるからです。ここで求めようとしている状態の数は、次のように一般化できます。n個の原子に対してm個のエネルギー単位を配分する場合の全ての状態の数は、「n個の中から重複してm個を選ぶ数」に等しくなります。これを求める公式は、

$$_n\mathrm{H}_m = \frac{n(n+1)(n+2)\cdots(n+m-1)}{m!}$$

です(付録参照)。この式の意味が分かると、後は何も考えずに(?)、応用が可能です。まず上で求めた場合が合

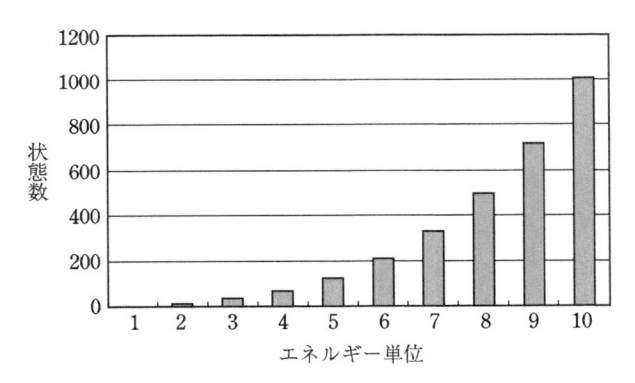

第3章 状態を表す指標──エントロピーとは

図3-9　5個の金属原子に10単位までのエネルギーを与える場合の状態数

っているかどうかを点検してみます。今原子は5個ですから$n=5$となります。与えられるエネルギー単位が1の時は、$m=1$ですから、

$$n+m-1=5+1-1=5$$

で$1!=1$ですから、$_5H_1=5$となります。分配されるエネルギー単位が2個の場合は、

$$_5H_2=\frac{5\times 6}{2!}=15$$

になります。間違いなく合っていますね。分配されるエネルギー単位が3個になると、状態の数はさらに増加して、

$$_5H_3=\frac{5\times 6\times 7}{3!}=35$$

となります。エネルギー単位が10個までのグラフを図3-9

に示します。エネルギー単位の数が増えると取りうる状態の数が急に大きくなることが分かります。エネルギー単位が10になると、状態の数は1001と大きな数になります。

■状態の数が増える方向に進む

準備ができたので、本題に入ります。図3-10で全く同じ2つの金属板（と言っても5個の金属原子が並んだだけの少し寂しい状態ですが）が接しています。Aの金属板には6単位のエネルギーを与えます。一方、Bの金属板には2単位のエネルギーしか与えられていません。つまり、Aの板はBの板に比べて高温であるという設定です。2つの板を1つの系と考えて、自発的に進む過程では、この系全体のエネルギー配分がどのように変わるのが理にかなってい

（Ⅰ）
B　低温：エネルギー単位 2
A　高温：エネルギー単位 6

（Ⅱ）
B　低温：エネルギー単位 3
A　高温：エネルギー単位 5

（Ⅲ）
B　エネルギー単位 4
A　エネルギー単位 4

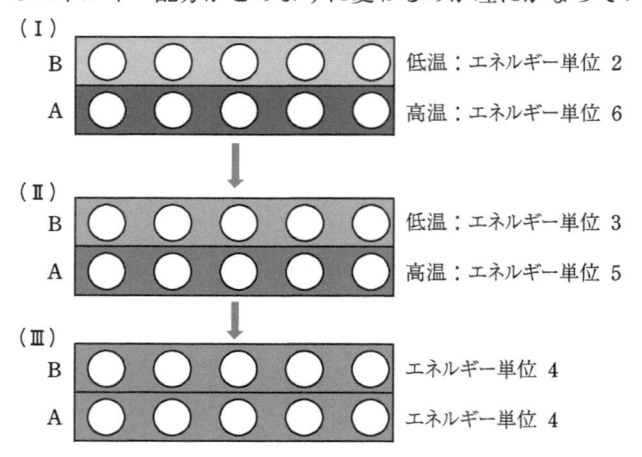

図3-10　高温と低温の金属板を接した場合のエネルギー移動

るかをここでは検討します。

AおよびBの板内で原子がとることのできる状態の数をそれぞれW_AおよびW_Bとすると、全体の状態の数は

$$W = W_A \times W_B$$

となります。足し算ではなく掛け算になるのは、W_A個の各状態についてW_B個の状態が考えられるからです。まず、最初の状態（Ⅰ）の時の系全体の状態数W_Iについて求めてみますと、図3-9から$W_A = 210$となり、一方$W_B = 15$となります。この時の$W_I = 210 \times 15 = 3150$となります。

私たちの経験に照らすと、このような状態で2つの金属板が接していると、いずれA板の温度は下がり、下がった分だけB板の温度が上がると、予想されます。そして最終的に室温まで2つの板の温度は下がるだろうと予想できます。

まずAから1個のエネルギー単位が、Bに移ることを考えてみましょう。そうすると、（Ⅱ）の状態になり、A板およびB板にあるエネルギーはそれぞれ5および3単位になります。エネルギー保存の法則が成り立ちます。この時の系全体の状態の数は

$$W_{II} = W_A \times W_B = {}_5H_5 \times {}_5H_3 = 126 \times 35 = 4410$$

となります。

さらに、AからBへ1単位のエネルギーが移れば、両方とも4単位のエネルギーを持つことになります。その時の状態（Ⅲ）の数は

$$W_\text{III} = W_\text{A} \times W_\text{B} = {}_5\text{H}_4 \times {}_5\text{H}_4 = 70 \times 70 = 4900$$

となります。つまり系全体の状態の数は（Ⅰ）から（Ⅲ）に向かうと、3150、4410そして4900と増加します。「自発的に進む方向は、状態の数が増える方向である」という前節までに見てきた自然界の規則によれば、AからBにエネルギーが移り、（Ⅰ）から（Ⅲ）の状態に行くのは当然であるということになります。熱い金属板を冷たい金属板に接すれば、徐々に熱い金属板は冷め、逆に冷たい金属板は温まり、両方の金属板は同じ温度になるだろうという私たちの予測と全く一致します。

■平均化は自然の摂理？

3-2と3-3節では、分子（原子）が占めるべき空間の数（状態の数）が増加する方向に変化は自発的に進むことを見てきました。実は、空間だけではなかったのです。この節で見たように、エネルギー配分の場合も、場合分けの数（状態の数）が増加する方向に、変化は自発的に進みます。熱（エネルギー）が自然に移る方向は、単に状態の数の大小関係で決まることを、この節では見ました。何か難しい規則があるわけではないのです。

この節の最後にもう一度図3-9を見てみましょう。この図は5個の原子に、10個までのエネルギー単位を分配する時の状態数を示したものです。分配するエネルギー単位が増えると急に状態数が増加することを示しています。これを私たち人間社会に置き換えると、お金がないと生活のパ

ターンに自由度がありませんが、お金があるといろいろな生活のバリエーションが可能であるということになります。一方で、同じ単位数のエネルギーが与えられた場合には、それを1つの原子が独り占めするより、皆に均等に分けるように自然の変化は進みます。このことはイデオロギーとか宗教とかに全く関係しない真理です。

3-5 エントロピーという考え方
■状態の数を表すエントロピー

変化の方向を決める上で、分子に割り当てられる状態の数（W）が非常に重要であることをここまで見てきました。この「状態の数」という概念は、分子に帰属されるものが空間でも、エネルギーでも、極端に言ってしまえば、何でもいいのです。したがって、共通の言葉で表した方が便利です。物理学では、「状態の数」（W）に対応する**エントロピー**（entropy）という量を使います。しかし分子の世界での問題を考える時、通常Wはとてつもなく大きな数になります。そこで数そのものではなく、その対数（eを底とする対数：自然対数　付録「1　対数」参照）つまり$\ln W$を使う方が便利です。エントロピーは普通Sという記号で表されます。エントロピーSは状態の数に相当（比例）しますから

$$S \propto \ln W \quad (3\text{-}1)$$

と表されます。このままだと何かと不自由なものですから、kという比例定数を決めて、

$$S = k \ln W \quad (3\text{-}2)$$

とします。kはボルツマン定数と言い、$1.38 \times 10^{-23} \mathrm{J \cdot K^{-1}}$という値をとります。$k$は分子のエネルギーと温度（K）を関係付ける重要な定数ですが、Sをエネルギー単位で表すために選んだ比例定数と言ってもいいものです。

　おさらいしますと、前節までに私たちは２通りのエントロピーを見てきました。第１は、分子の空間的な配置に基づくエントロピーです。以後、これを**位置エントロピー**と呼びます。第２は、エネルギー単位の配分の仕方に基づくエントロピーです。以後、これを**熱エントロピー**と呼びます。既に見てきたように、自発的な変化は、どちらの場合も状態の数Wが増える方向に進みます。つまり$\ln W$が増える方向に世の中は進むのが自然だということです。これを(3-2)式のSを使って言えば、「**自発的な変化の方向はエントロピー S が増加する方向に起こる**」（エントロピー増大の法則）ということになります。この法則（物理学では**熱力学の第２法則**と呼ばれます）は、証明することができません。これまでも、「私たちの経験によれば」という表現を何度も使って来ましたが、この法則を破るような現象が今までに起こったことがないし、起こるはずがないという経験に基づいて、この法則は成立しています。

■誰もが日常で体験しているエントロピー増大の法則

「状態の数が増える」ということを、もう少し日常的な言葉で表現すると、「でたらめになる」ということに匹敵し

ます。ところが、改まって考えると、「でたらめ」という言葉の定義は意外と難しいことが分かります。サイコロの目は「でたらめ」に出ることが前提です。この場合、次に何の目が出るのかほとんど予想が付かないことが、「でたらめ」ということになります。したがって、目が予測できれば、そのサイコロはインチキということになります。

　ヨーロッパのカジノにあるルーレットでは0から36までの37個のマス目があります。カジノ側が仕掛けのないサイコロやルーレットを置いているとすれば、1という目が出る割合はサイコロでは$\frac{1}{6}$に、ルーレットでは$\frac{1}{37}$になります。状態の数でいけば、サイコロが6で、ルーレットでは37ということになります。ある1つの目の出る割合が減るほど、「でたらめ」の度合いも大きくなりますから、ルーレットの方がはるかに「でたらめ」度が大きいのです。つまり、時系列的に起こる現象に全く規則性がないことを、その現象は「でたらめ」に起こると表現し、起こり得る場合の数が増えると、その現象が起こる「でたらめ」度が高くなると考えます。

　いま、少し広い校庭に40人の小学生の集団がいることを考えます。「整列！」と号令をかけた瞬間は、整列してほぼ静止しますが、ものの30秒も経たない内に、児童たちは動き始めます。次第に、その動きは活発になり、担任の先生がちょっとでもその場を離れると、児童たちの集団は見事に崩れ、場合によっては校庭いっぱいに広がってしまいます。この現象は、別に珍しいことではなく、どこの小学生でも同じでしょう（最近は大学生でもそうですから）。

この場合も、整列した子供たちは「でたらめ」になっていく、と私たちは考えます。子供たちが校庭の中でいることのできる場所が、最初に整列した場所よりも広いと、この現象は顕著に起こります。整列した状態で小学生が占める状態の数より、校庭全体の中で小学生が占めることのできる状態の数の方がずっと多いからです。

　このように「でたらめになる」ということは「状態の数が増加する」ことと等価になります。つまり、**「でたらめになる」**ことはエントロピーが増加することと同じになります。したがって、エントロピーは「でたらめさ」の度合いを表す量ということになります。「でたらめさ」は「乱雑さ」とか「無秩序さ」などとも言い換えることができます。整理整頓ができている部屋は「エントロピーが小さく」、散らかっている部屋は「エントロピーが大きい」と言えます。エントロピーとは、このように決して難しい概念ではなく、私たちの日常生活でも多くの場面でその実体を経験できるものです。エントロピーは高等学校では教えない概念ですが、以上の例からも分かるように、決して難しい考え方ではありません。さらにエントロピーは、自然の現象を考える上で役に立つだけではなく、私たちの社会や人生観にまで影響を与える概念です。そして、何度も強調しますが、特定の宗教、慣習そしてイデオロギーとは全く無縁の真理です。私は、エントロピーの概念を高等学校以下でも、是非教えるべきであると思う一人です。

3-6 固体から液体、そして気体へ
■固体、液体、気体をエントロピーで見れば

　図3-11を見てみましょう。固体の中では分子（または原子。以下では全て分子としますが、もちろん原子でも構いません）は隣り合う分子同士が席を譲れないほど、密集しています。特に結晶という固体の状態では、分子は縦横高さの方向に完璧に整列しています。固体状態では分子同士が身動きできないので、許される運動はその場での振動や回転だけです。ちょうどぎゅうぎゅう詰めの満員電車の中の人のようです。せいぜいその場で向きを変えるぐらいしかできません。時にはそれすらもできないという状態もあります。固体では、このように各分子の位置は完全に決まっていますので、状態の数は1ということになり、位置エントロピーは0になります。

　　固体　　　　　　液体　　　　　　気体

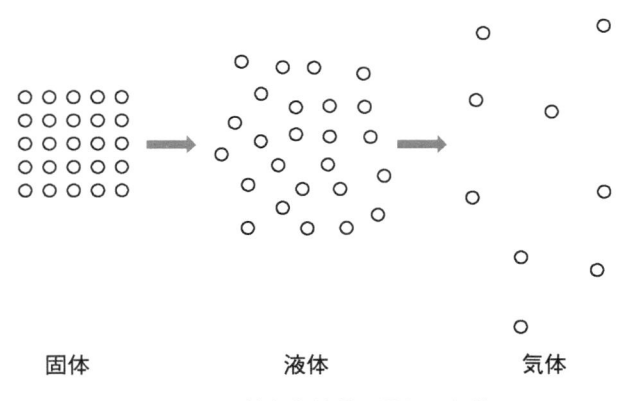

図3-11　固体から液体、そして気体へ

「水は方円の器に随う」という格言は荀子の言葉として伝えられています。この言葉の意味するところは、人の善悪は、環境(交友も含め)の善悪によって決まるということですが、文字通りに読めば、水は器の形に応じて形を変えることができるということです。液体中では、分子は固体ほどがんじがらめになっていないので、分子は各々の位置を交換することもでき、また空いている空間があれば、その空間に分子が移動していくことが可能です。このことは、液体中で分子が取りうる状態の数は、固体に比べてずっと多くなることを意味します。つまり、液体中の分子のエントロピーは固体より大きくなります。

しかし、液体中の分子同士はある範囲以上離れることはできません。ところが、気体になると各分子が占めることが可能な空間は飛躍的に増大します。気体分子は原則的に、空いている空間があればどこにでも浸入していきます。ヘリウムを入れた風船の中のヘリウム原子(Heは分子を作りません)は、風船が割れると空気中に瞬く間に拡散していってしまいます。気体状態での分子の位置エントロピーは液体より、格段に大きくなります。

■全ての物質は気体になってしまうのか?

状態数の大きさという点からは、固体、液体そして気体という順に大きくなりますから、これまでに見てきた原則に従うと、物質はどんどん気体になってしまい、地球上のものは全て気化してしまうことになります。でも私たちの周りには固体も液体もあります。それでは、今までの議論

で信じかかっていた「エントロピー増大の法則」は間違っていたのでしょうか？ それについて考えてみましょう。

これまでの議論では**位置エントロピー**のみを問題にしていましたが、エントロピーにはもう1つ**熱(エネルギー)エントロピー**があり、これも考慮しないといけません。論より証拠で、簡単な例を見ていきましょう。水は大気圧、0℃で、氷になりますが、同時にこの温度で溶解もします。

図3-12で氷が溶解する場合を、前に述べた金属の固体間での熱エントロピーの流れのように考えてみます。ⅠとⅡ以外では全くエネルギーの出入りがないものと考えます。まず(a)において、Ⅰは0℃の氷を4個の分子からなる固体と考えます。同様にⅡはT_A℃の4分子の水を考えます。もちろん、T_A℃の水分子は実際には運動しているので、

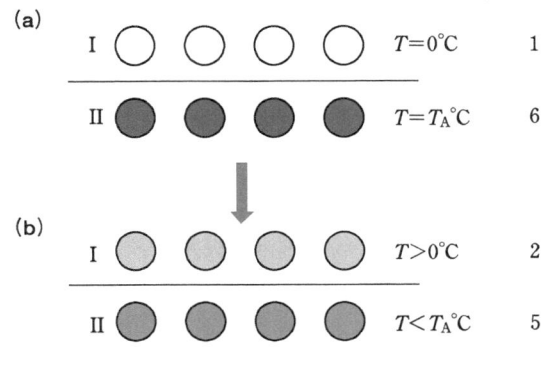

図3-12 氷の溶解

この状態はあくまで仮想的なものです。0℃の水分子は1単位のエネルギーを持ち、T_A℃の水分子は6単位のエネルギーを持つとします。既に習ったことを使えば、0℃のエネルギー状態数W_I=4になります。一方、T_A℃のエネルギー状態数W_{II}=84となります。系全体の状態数W_aは$W_I × W_{II}$=336になります。

もし、0℃の氷に、T_A℃の水からエネルギー単位1が与えられると、新たなW_I=10そしてW_{II}=56になるので、新しい系の状態数W_b=560になります。いま、(a) から (b) の状態への熱エントロピーの変化をΔS_E(Δは差を表します)と表しますと、ΔS_E>0になりますから、熱エントロピーの観点からは (a) の状態から (b) の状態への変化は「自発的に」進むことになります。(b) の状態になる時に、IIからIに移るエネルギーはほとんどの場合に(いつでもと言ってもいいぐらいです)、水分子の運動エネルギーになります。つまり (b) のIでは温度が0℃より上昇することを意味します。0℃より温度が上昇すると水は液体になります。

いま、位置のエントロピー変化をΔS_Pと表すと、既にこの節で述べたように、Iについては (a) から (b) への変化に伴うΔS_{PI}>0となります。ところが、IIについては事情が少し変わります。(b) の状態になったとすると、持っているエネルギー単位の量が減ります。持っているお金が十分でないと、遠くまで旅行できません(ヒッチハイクを除く)。つまり、液体や気体では運動エネルギーに使えるエネルギー単位が減ると、各分子の行動範囲が狭くな

ります。行動範囲が狭くなるとは、位置エントロピーが小さくなることに相当します。したがって、$\Delta S_{PⅡ}$は負になります。全エントロピーの変化ΔSは次のようになります。

$$\Delta S = \Delta S_E + (\Delta S_{PⅠ} + \Delta S_{PⅡ})$$

この式から$\Delta S_E + \Delta S_{PⅠ}$の絶対値が$\Delta S_{PⅡ}$の絶対値以上である限り、氷は溶けていくことになります。この大小関係の鍵を握っているのは、(a)の状態のⅡがどれだけのエネルギー単位を持っているかです。これは私たちの経験からも明らかです。冷たい水に氷を入れてもなかなか溶けませんが、熱いお湯に氷を入れるとあっという間に氷は溶けます。前者に比べて後者の方が持っているエネルギー単位が多いからです。

■水が氷になる理由

それでは、水から氷ができる場合を考えてみましょう。考え方は基本的に同じです。図3-13に示すように、少しだけ温かい少量の水（2分子）が、非常に冷たい氷（5分子）と接触していることを考えます。(a)のⅠでは2単位のエネルギーを持っており、Ⅱでは全くエネルギーがないとします。この場合、Ⅰの状態の数は3（1分子に1単位の場合が1通り、1分子に2単位の場合が2通り）で、Ⅱの状態の数は1になりますから、系全体の状態の数は3×1＝3通りということになります。もしⅠからⅡへ1単位のエネルギーが流れると、Ⅰ自身の全エネルギーは1となり、どちらか1分子はエネルギーが0単位になってしまい

87

(a)

I　　　●　●　　　　冷水　　2

II　○　○　○　○　○　　氷　　0

　　　　　　　　　　　エネルギー単位

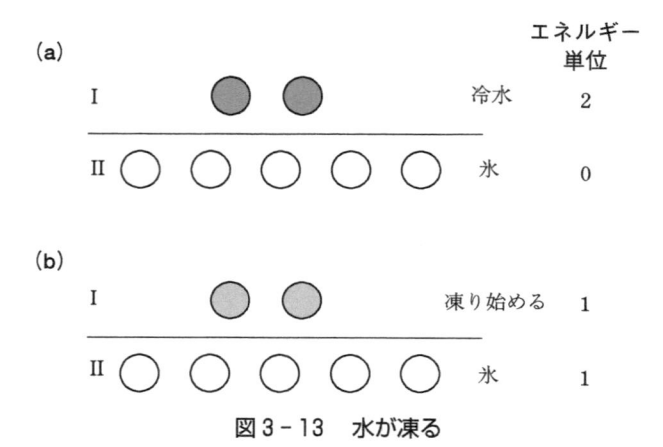

(b)

I　　　●　●　　　凍り始める　1

II　○　○　○　○　○　　氷　　1

図3-13　水が凍る

Iは凍りつきます。そして状態の数は2になります。またIIのエネルギーに関する状態の数は5になり、(b)のエネルギー状態の総数は2×5=10通りになります。したがって、ΔS_Eは正になり、熱エントロピーの観点から(a)から(b)への反応は自発的に進むはずです。

ところで位置エントロピーについてはどうなるでしょうか？　Iについては液体の水から固体になるので$\Delta S_{PI} < 0$となります。一方、IIについては氷のまま変わらないので$\Delta S_{PII} = 0$になります。いずれにせよ、(a)から(b)への変化に伴う全エントロピー変化は

$$\Delta S = \Delta S_E + (\Delta S_{PI} + \Delta S_{PII})$$

と、変わりません。ここでΔSの符号を決める上で問題になるのは、ΔS_EとΔS_{PI}の絶対値の大小関係です。つまり、

ポイントはⅠからⅡへのエネルギーの移動の単位数と、Ⅰ とⅡの分子数です。大きな氷を使うと、少量の水であれば 多少温度が高くても、氷にすることができます。ただし注 意すべきことは、小さい氷ができても、大きな氷が少し溶 けるということは、系全体のエントロピー増大を意味する ことです。つまり、冷蔵庫で氷をどんどん作って極地方に 運んでも、地球全体の温暖化はさらに進むだけであるとい うことです。

■エントロピーから分かる水の水素結合の様子

図3-12にもう一度戻ってみましょう。温度の高い水か ら、氷にエネルギーが与えられ、氷が溶けるのですが、実 はエネルギーの分配の仕方はもう少し複雑です。水分子は 水素結合という結合で、液体や固体の中で水分子同士が図 3-14のように結合しています（145ページ）。1個の水分子 は、周囲の4個の分子とほぼ完全に水素結合しているの で、氷の中では水分子は動けません。しかし、液体の中で は、必ずしも全ての水分子が周囲の4分子と水素結合して いるわけではなく、また水素結合している相手も動的に変 化し、言わば氷の非常に小さい塊が、ひしめき合い、かつ 離散集合を繰り返している状態になっています。したがっ て、液体の中の水分子を平均的に見れば、4本の水素結合 は持っていません。逆に言うと、氷にエネルギーを与えた 時に、ある程度の数の水素結合が切れないと液体にはなれ ません。そこで氷をすべて溶かす、つまり液体中と同じ数 の平均的な水素結合数にするためには一定のエネルギーを

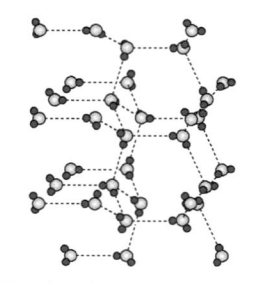

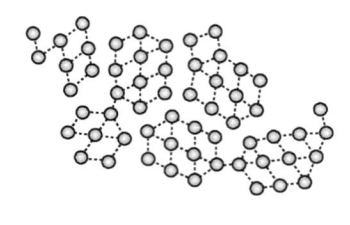

| 氷の中の水分子同士の水素結合 大きな◯は酸素原子、小さな●は水素原子を示し、水素結合は破線で表されている。 | 水の中の水分子同士の水素結合 水分子全体を◯で示し、水素結合を破線で表す。この図は概念的な図である。 |

図3-14　水分子間の水素結合

与えてやる必要があります。そのエネルギーは融解熱と言われています。第１章のおさらいになりますが、この場合の融解熱は水素結合をある数だけ切るための結合切断エンタルピーということになります。

　氷の場合、融解熱は6.00kJ/molです。OH…Oの水素結合の結合生成エンタルピーが約21kJ/molですから、液体の中で、水分子が平均的に形成している水素結合は約3.7本ということになります。つまり平均して１分子当たり0.3本の水素結合を切れば、氷は溶けて液体になるということになります。この数字を見ると、水は液体といっても、水素結合で分子同士はかなり塊を作っていることが分かります。実はこれが水分子の種々の特異な性質の理由になっています。さて、最低これだけの数の水素結合に匹敵

する結合切断エンタルピーが与えられないと、氷は水にはなれません。つまり、図3-12のⅡからⅠへ移るエネルギー単位は、単にそのエネルギーを各分子に与えて熱エントロピーを上げるだけでは有効ではなく、**最低この結合切断エンタルピー以上のエネルギーが与えられる必要**があります。そして、これを決めるのが、Ⅱの水が持っているエネルギーということになります。Ⅱの水の温度が高く、量が多ければ、多くのエネルギーをⅠの氷に渡すことができます。上の例では、非常に定性的に話を進めましたが、ある温度の水と氷を接触させた時に、その氷が溶けるかどうかを正確に知るためには、このエネルギーをより定量的に知らなくては、結論できません。

3-7 熱エントロピー変化の量
■もともと持っているお金が重要

ここでまたお金の話をします。今、AとBの2人の財産が各々20万円と2000円であると考えます。ここでお金はエネルギーに相当します。この2人に各々1000円を上げるとすると、どちらの方が喜ぶでしょうか？ また税金として1000円を両方から徴収すると、どちらの人の生活に大きく影響するでしょうか？ いずれの場合もBの人への影響が大きいのは明らかです。Bの人にとって1000円は大きなお金ですが、Aの人にとってはそれほど大したお金ではありません。お金がたくさんあることを、「懐が暖かい」と言い、逆の場合は、「懐が寒い」と言います。例えば、「懐の寒い」Bの人に1000円を上げると、東京から横浜に

行き、それなりのお昼を食べて、また東京に戻って来るという小旅行をする心の余裕ができます。逆に「懐の寒い」Bの人が税金として1000円取られてしまうと、東京のアパートから電車で横浜まで行くという発想すら出なくなるでしょう。

　私たちが考えている今の問題でも正にこれと同じように考えることができます。持ちエネルギーの少ない状態は低温であり、エネルギーが多い状態は高温です。つまり、同じエネルギーが供給されても、それによってもたらされる熱エントロピーの影響は低温状態の方が大きくなるということです。このことは簡単に検証できます。

　図3-15を見てみましょう。例によって5個の分子からなる系を考えます。いずれの場合も1単位のエネルギーをこの系に与えるとします。(a) はもともと1単位のエネルギ

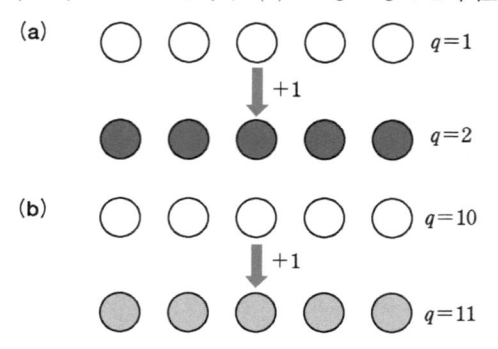

図3-15　同じエネルギーをもらっても
エネルギー単位をqで表す。色の変化は喜びの度合いを表している。同じ1個のqをもらっても(a)の喜びの方がずっと大きいことを示す

第3章 状態を表す指標——エントロピーとは

ーしか持たない状態です。それに対して(b)では10単位のエネルギーを既に持っています。(a)は貧乏で、(b)はそれなりにリッチということになります。(a)では最初の状態の数は5通りであり、非常に温度の低い状態にあります。いま、この状態に1単位のエネルギーが与えられると状態の数は15通りになり3倍も上がり、少し暖かさが増します（$_5H_2$）。生活の自由度が広がって喜ぶ(a)の顔が目に浮かびます。さて、(b)では最初もかなり温度が高く、1001通りの状態があります。(a)の人が想像もできない楽しみ方をお金持ちはできるのです。1単位のエネルギーが与えられると、確かに取り得る状態の数は1365通りに増えます。でもその増加率は、わずか36％です。喜びはおよそ8分の1ということになります。貧乏人には考えられないお金が入ってこないとお金持ちが満足できないのは、本質的に欲が深いという性格だけでは片付けられない、物理学的な本質があるわけです。ちなみに(b)の人が(a)の人のようにおよそ3倍の喜びを手にするには（3001通りの可能な状態を獲得するには）、ほぼ4単位のエネルギーが必要になります。(a)の4倍の稼ぎがないと同じ喜びを味わえないということになります。

■熱エントロピーの効果はTによる

ここで検討してきたことは、非常に重要な関係式を示しています。つまり、与えられたエネルギー（ΔH）の熱エントロピーへの効果はその時の温度に逆比例するという、次の式です。Tは絶対温度です。

$$\Delta S \propto \frac{\Delta H}{T}$$

比例定数が1になるようにΔSの値をとると、

$$\Delta S = \frac{\Delta H}{T} \quad (3\text{-}3)$$

となります。実はこの関係式が成り立つようにSの量を決めると、エントロピーの定義である$S = k \ln W$のkが決まると考えても良いわけです。この式は非常に重要で、与えられたエネルギーがどのように熱エントロピーに反映するかを非常に単純に表現しているだけでなく、状態の数が非常に大きい系のエントロピーを見積もることを可能にしてくれます。私たちが日常的に扱う系には膨大な状態の数がありますが、それらを数え上げることはできません。ところが、この式を使えば、その系の温度(T)を計ることと、その系に与えるエンタルピー(ΔH)を知ることで、比較的簡単にエントロピーへの効果を知ることができるからです。

3-8 3-6での疑問に答える
■自発的に氷ができる場合

まず、氷が溶ける状態におけるエントロピー変化を具体的な問題として考えてみます。図3-16のように、25℃の水に氷を浮かべた状況を考えます。まず条件として与えられているのは、氷が溶ける時に必要なエンタルピー（融解熱）ΔHとエントロピー（融解エントロピー）ΔSです。それらは各々 6.00kJ/molと22.0J/(K·mol) です。氷を溶かすために水から氷に流れる必要のあるエネルギー（融解熱）

第3章 状態を表す指標——エントロピーとは

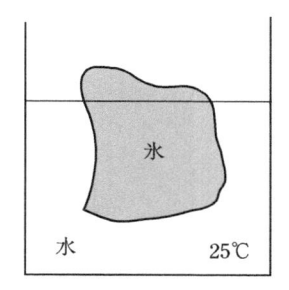

図3-16　25℃の水に氷の塊を入れた様子

は6.00kJ/molですから、25℃（298K）における水の熱エントロピー変化は、

$$\Delta S_\text{水} = \frac{\Delta H_\text{水}}{T_\text{水}}$$
$$= -(6.00 \times 10^3 \text{J/mol})/298\text{K} = -20.1\text{J}/(\text{K·mol})$$

となります。マイナスの符号は氷にエネルギーを与えた分、水の温度は下がり、状態の数が減ることを意味しています。一方、氷は融解により、エントロピーが増大しますが、その量は上述の

$$\Delta S_\text{氷} = (6.00 \times 10^3 \text{J/mol})/273\text{K} = 22.0\text{J}/(\text{K·mol})$$

になります。したがって、このビーカー全体でのエントロピーの変化$\Delta S_\text{正味}$は

$$\Delta S_\text{正味} = \Delta S_\text{水} + \Delta S_\text{氷}$$
$$= -20.1 + 22.0 = 1.9\text{J}/(\text{K·mol})$$

となります。つまり、298K（25℃）での氷の融解のエン

トロピー変化は正の符号であり、氷が溶けるという過程は自発的に起こることを示します。私たちの日常的な経験からもこの結果は不思議ではありません。

そこで、こんどは図3-16で真水でできた氷を海水に入れた場合を考えてみましょう。海水は通常－2℃付近で凍りますが、状況によっては凍らずに海水の温度がさらに下がることがあります。いま、－5℃まで下がった場合（268K）を想定すると、

$$\Delta S_{海水} = \frac{\Delta H_{海水}}{T_{海水}}$$

$$= -(6.00\times10^3 \text{J/mol})/268\text{K} = -22.4 \text{J/(K·mol)}$$

となるので、

$$\Delta S_{正味} = \Delta S_{海水} + \Delta S_{氷} = -22.4 + 22.0 = -0.4 \text{J/(K·mol)}$$

となり、エントロピーは減少してしまいます。これは何を意味するのでしょうか？　この温度では、氷を溶かす方向には自発的に変化は進みません。やんわりとではありますが、むしろ氷を形成する方向に変化は自発的に進むことを意味しています。

■エンタルピーとエントロピーのバランスが変化を決める

氷が溶ける場合は、氷が周囲の水とエネルギーのやり取りを行い変化が起こります。このようにどんな変化が起こる場合にも、周囲とのエネルギーのやり取りは重要になります。そこで、変化を起こす物体の系のエントロピー変化を$\Delta S_{物質系}$、周囲のエントロピー変化を$\Delta S_{環境}$と表すと、そ

の変化が自発的に進むかどうかはその2つの和である

$$\Delta S_{正味} = \Delta S_{物質系} + \Delta S_{環境} \quad (3\text{-}4)$$

の符号と大きさで決定されることになります。「状態の数は、固体、液体そして気体と順をおって増加しますから、これまでに見てきた原則に従うと、物質はどんどん気体になってしまい、地球上のものは全て気化してしまうことになります。でも私たちの周りには固体も液体もあります。それはどうしてでしょうか」という3-6で提起した懸案の疑問にここでやっと答えることができます。

（3-4）式の$\Delta S_{環境}$を（3-3）式で置き換えてみます。

$$\begin{aligned}\Delta S_{正味} &= \Delta S_{物質系} + \Delta S_{環境} \\ &= \Delta S_{物質系} + \frac{\Delta H_{環境}}{T_{環境}} \quad (3\text{-}5)\end{aligned}$$

となります。この式でエネルギー（エンタルピー）が環境から与えられると（$\Delta H_{環境} < 0$）、物体のエントロピー（$\Delta S_{物質系}$）が大きくなります。この2つの項の大小関係で、問題にしている変化が進むかどうかが、決定されます。それを決めるのは、温度Tです。

　Tが高くなると、マイナスの符号を持つ$\Delta H_{環境}$の効果が薄くなり、$\Delta S_{物質系}$の効果が強められます。その結果、高い位置エントロピーを持つ状態（つまり、液体や気体）が固体より取り易くなります。しかし、温度が低くなると、$\Delta H_{環境} < 0$の項の影響は相対的に強くなります。したがって、$\Delta S_{物質系}$が増加して自発的に進もうとしても、全体の$\Delta S_{正味}$の符号はマイナスになり、この変化は逆の方向に進

むことになります。

　冷却すると気体は液体に、そして固体になることを私たちは知っています。もちろん、物体から環境へエネルギーが奪われていけば、例えば液体の水を冷蔵庫に入れ、弱から強へスイッチを回せば、水は凍っていきます。これを(3-5)式で考えると、環境が物体からエネルギーを奪うので$\Delta H_{環境}$の符号がプラスになり、物体はエネルギーが奪われるので、熱エントロピーも減少し、次第に位置エントロピーも減少して、物体内の分子の位置は固定されていきます。氷ができる時には、水分子同士の水素結合が新たに作られるので、その結合エンタルピーが放出されますが、そのエネルギーは環境（例えば冷蔵庫）が吸い取ってくれるので、氷を再び溶かすエネルギーとしては使われません。

■液体から気体へ

　ここでもう一度、これまでの疑問に対する答えを、少し別の角度から簡単にまとめてみましょう。図3-17(a)で、容器の片隅に液体があるとします。この液体が気体になるための条件を考えてみましょう。

　その条件は、式(3-5)で決まります。まず、位置エントロピーの観点からは、物体はどんどん気体になっていく傾向を持っています。ですから$\Delta S_{物質系}$を構成する位置エントロピーは、常に正の値を取っています。しかしそれだけでは不十分で、分子が容器内に十分拡散するには、拡散に必要な熱エントロピーを何らかの形で環境から供給される必要があります。そうでないと、気体になるために必要な

第3章 状態を表す指標——エントロピーとは

(a)

液体

↓

気体

(b)

気体

↓

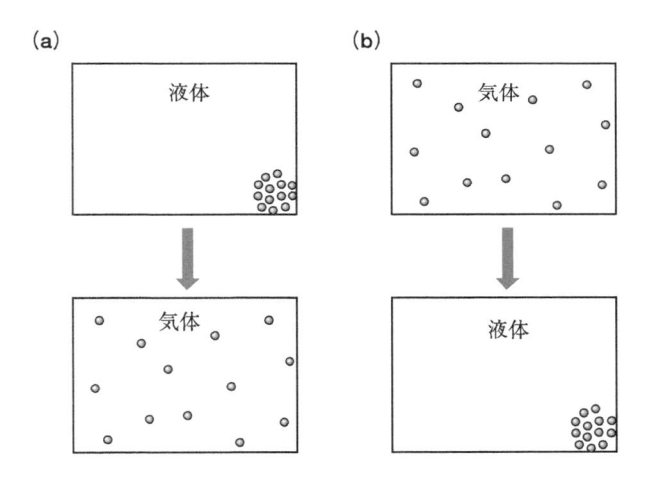

液体

図3-17 液体から気体へ、そして気体から液体へ
分子は小さい丸で示す

十分に大きい正の$\Delta S_{物質系}$を獲得することはできません。これは、環境にとっては熱エントロピーを奪われることですから、$\Delta H_{環境} < 0$になります。しかし、式(3-5)の$\Delta S_{正味}$を十分に大きな正にするには、Tを十分に大きくして$\frac{\Delta H_{環境}}{T_{環境}}$の負の成分を弱める必要があります。

これは、ヤカンをガスコンロに載せることに相当します。外部から加熱する（エネルギーを供給する）ことにより、液体から気体への変化は進みます。水を入れたヤカンをガスコンロにかけて火を着けたまま放置すれば、すべての水は気体（蒸気）になり、最後は空だきの状態になります。実に当たり前の現象ですが、エントロピーの考え方を使っても、ちゃんとそのようになりました。逆に環境から

のエネルギー供給が少ないと、いつまでも液体は容器の片隅に留まっています。もちろん私たちの日常的な経験では、室温で液体の水を放置しておくと、いつの間にか蒸発してしまいます。しかし、温度がある程度高くないと、この過程も自発的に進みません。

■気体から液体へ

それでは (b) の場合を考えましょう。気体が液体になる変化です。この場合、分子の位置エントロピーの観点からは$\Delta S_{物質系} < 0$になります。ですから、この変化を進めるため、すなわち$\Delta S_{正味} > 0$にするためには、絶対に$\Delta S_{環境}$は正の量にならなければなりません。Tは例によって常に正ですから、$\Delta H_{環境}$が正にならなければなりません。$\Delta H_{環境}$が正ということは、物質系から環境がエネルギーを取ることを意味します。今の場合、環境が物質系の熱エントロピーを奪うことになります。難しい話ではなく、物質系を冷やすことになります。冷蔵庫に入れるようなものです。そのようにすれば$\Delta H_{環境}$は正になり、したがって気体から液体への変化は起こることになります。

式 (3-5) つまり

$$\Delta S_{正味} = \Delta S_{物質系} + \Delta S_{環境} = \Delta S_{物質系} + \frac{\Delta H_{環境}}{T_{環境}}$$

によって、気体、液体そして固体の状態の変化が起きます。ただ注意すべき点は、いつでも$\Delta S_{正味}$は増加する方向に進みます。温めても冷やしても、その状態の変化は全体の一部にしか適用できません。全体は、何をしても必ず

ΔSが増加する方向に進みます。冬に暖房した分、夏に冷房すれば、足し引きゼロになるのではなく、暖房しても冷房しても、地球全体のエントロピーは増大していきます。

■エントロピーの増大で温度が下がる

上で議論したことのちょっとした応用を考えてみます。図3-18（a）のように、気体分子を小さい容器に閉じ込めておき、それよりずっと大きな容器に連結しておきます。大きな容器ははじめ完全な真空になっているとします。さらに、これらの容器には外部からエネルギーの出入りが全くないとします。断熱状態ということです。はじめは小さい容器と大きな容器の間には仕切りがありますが、その仕切りを取ってしまうことを考えます。私たちの日常的な経験からは、小さい容器に閉じ込められていた気体分子は、

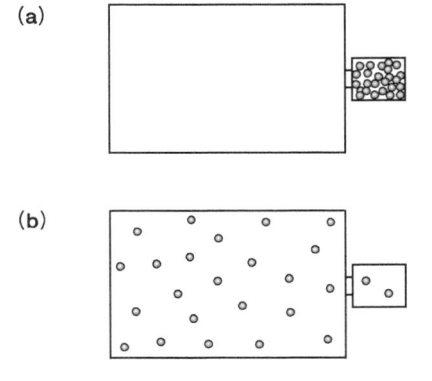

図3-18　閉じ込められた気体が広がった時の変化

(b) のように2つの容器に満遍なく分布するように広がるはずです。この時、どのような変化が伴うでしょうか？

熱の出入りはないので$\Delta S_{環境}$は0ですから、この変化が進む力は$\Delta S_{物質系}$だけです。もしこの$\Delta S_{物質系}$も0なら、本来何の変化も起こらないはずです。$\Delta S_{物質系}$はこれらの分子の位置エントロピーと熱エントロピーの和であることを既に述べました。位置エントロピーは(b)になると増加します。$\Delta S_{物質系}$が限りなく0に近いなら、位置エントロピーの増加は、熱エントロピーで減殺されないと勘定が合いません。したがって熱エントロピーが減少する必要があります。

熱エントロピーの減少は、分子の運動エネルギーの減少につながります。分子の運動エネルギーの減少は、温度の低下でした。つまり、2つの容器の間にある仕切りを開けると、気体分子は真空の空間にわっと広がって行き、広がるというエントロピー増大の分だけ、温度が下がる、ということになります。これは、普通の冷蔵庫やクーラーで使われている原理であり、ひどく日常的な現象です。もちろん（a）から（b）への変化は、「自発的に」起こりますが、（b）から（a）への変化は自発的には起こらず、そこで電気のエネルギーを使うことになります。

3-9　ソーラー湯沸かし器
■光のエネルギー

温度は分子や原子の運動によることを何度も強調してきました。温度という実体はないのです。分子運動の激しさを私たちは温度と感じるわけです。化学の実験室では、物

第3章 状態を表す指標——エントロピーとは

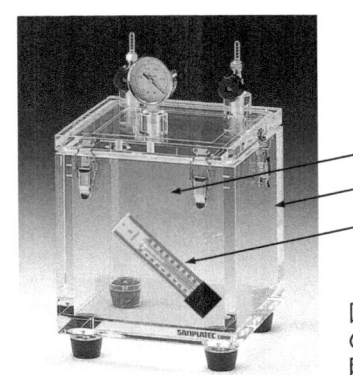

- 真空に近い状態
- デシケータ
- 温度計

図3-19 真空デシケータの中に温度計を入れて、太陽光に当てる

を乾燥させるためにデシケータ（乾燥器）を使います。最近では図3-19のような形をしていて、プラスティック製のものも多いようです。このデシケータでは、乾燥効率を高めるために、内部の空気を抜き、真空状態にできます。このデシケータ中に温度計を入れます。念を入れて、この温度計の下部を黒い紙で包みます。このデシケータ中の空気の分子は非常に少ないので、空気の分子運動が温度計まで伝わることはありません。それでは、このデシケータを実験室の外の夏の陽の当たるところに置いたら、温度は上がるでしょうか？

黒い色は太陽の光を良く吸収することを私たちは知っていますが、肝心の温度を伝える空気がありません。結論から言いますと、温度計が示す温度はすぐさま上がります。しかし、この場合はデシケータを太陽熱が温め、そのデシケータの熱（分子運動）が温度計の中の水銀またはアルコ

103

ールに伝わってそれらを温め……、というような悠長な上がり方ではありません。

　それでは、なぜ真空中なのに太陽のエネルギーがすぐ伝わるのでしょうか。既に第1章で見たように、エネルギーの形態の1つに光（電磁波）があります。太陽からのエネルギーのほとんど全ては光の形で地上に降り注いでいます。光は真空中でも通りますので、デシケータの透明プラスティックを通し、真空を通り、温度計に達します。既に述べたように、エネルギーは1個1個が単位になっています。エネルギー単位が1の光もあれば、エネルギー単位が1万の光もあります。熱い物体は、より大きなエネルギーを持つ光を発生できます。太陽の表面温度は約6000Kであり、地上に来る光の中には6000Kに相当するエネルギーを持つ光も届きます。地上でも鉄を高温で溶かすと次第に黒から赤に、そしてオレンジ、黄色と発光します。さらに高温になるガスバーナーでは、炎は青白くなります。青の光は赤より短い波長を持つ光で、エネルギーの大きな光ほど短い波長を持っています。図3-20に2つの温度における、光のエネルギーの分布を示します。6000Kになった太陽の表面からは、様々な波長の光が出てくることが分かります。1000Kぐらいだと、ほとんど赤黒く、あまり多くの光を出さないことが分かります。

　光（のエネルギー）は分子に吸収され、そのエネルギーの多くは分子の運動エネルギーに変換します。そして、その運動エネルギーはめでたく温度計を作る分子を運動させ、その目盛りを上げることになります。つまり光のエネ

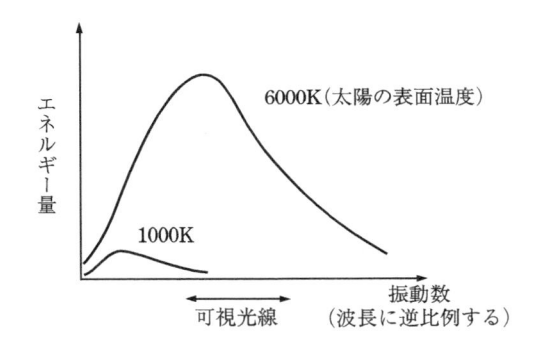

図3-20 温度を持った物体が放射する光のエネルギー分布

ルギーが運動エネルギーに変わったのです。外気が比較的ひんやりしていても、晴れていると、ソーラー湯沸かし器でかなり温かいお湯が作れるのは、こうした理由によります。

■$\Delta H_{環境}$だけがエントロピー増大に逆行できる

 実はこの節で、主にお話ししたかったのは、光でお湯を沸かせるということではありません。温帯地方の気温は20℃程度ですから、せいぜい300Kの温度を維持する程度のエネルギーが太陽から来れば良さそうなものです。何も6000Kと言わなくても、というわけです。しかし、先に熱エントロピーの問題を考えた時のことを思い出して下さい。

 またお金の例えで恐縮ですが、平均年収にすると500万円になる原資を、ずっと皆に均等割りに渡している社会に発展性はあるでしょうか？ この種の問題は、社会体制が

絡むイデオロギーに密接に関係しています。しかし、それは人間界のことですが、自然界では、生活する上で十分な300Kをずっと与えていたのでは、実は何事も成しえないのです。300Kという温度によって作られるエネルギーは、極めて質の悪いエネルギーと言えます。図3-15において、1単位のエネルギーの有り難みについて述べました。確かに、この場合貧乏な人の方が嬉しさは大きいのですが、例えば$q=2$と$q=11$の熱エントロピー状態を考えた時、前者では15通りですが、後者では1365通りの状態が生じます。後者の方が、ずっと状態の数が大きくなります。これは、ある試行錯誤をして行く上では圧倒的に有利になります。進化がどのように進んできたかは、まだ良く分からないことが多いのですが、試行錯誤がその重要な要素であることを否定する学者は決して多くありません。大きな可能性を求めるためには、大きな資本投下が必要です。私たちは太陽という星からの6000Kという余裕のある恵みを受けたおかげで、誕生したとも言えるわけです。

　世の中は、放っておけば自然に「でたらめ」になっていきます。これは大原則であり、「エントロピー増大の法則」は決して侵されません。しかし、ある程度のエネルギーが環境から与えられると、ある局所的な部分において、あたかも「エントロピー増大の法則」に反するような現象が生じます。この現象は、「エントロピー増大の法則」の大原則から見ると、大きな流れの中にたまゆらにできた渦のようなものです。しかし決して流れに逆行しているわけではありません。

地球上の物質も、もともとは気体だったと考えられています。銀河系は最初ガスの集合でした。ガスの集合に膨大なエネルギーが加えられ、凝縮し、気の遠くなるほどの長い時間を経て、太陽が作られました。そしてその一部から地球が作られたと考えられています。地球上の物質の多くはこのような経過を経て作られたものです。そのようにして、でき上がった固体の多くは地球の環境では、多くの場合液体にも気体にもならずに長い間、ある景観を作っています。水だけは異常とも言える唯一の例外で、地球の環境の変化の範囲で、固体、液体そして気体という状態を変幻自在にとります。言うまでもなく、この変化を左右しているのは、(3-5) 式の$\frac{\Delta H_{環境}}{T_{環境}}$です。この$\Delta H_{環境}$は、紛れもなく太陽から来るエネルギーです。長い時間をかけて$\Delta H_{環境}$は、「エントロピー増大の法則」の大原則に逆行する奇跡を地球の上で成し遂げて来ました。それは形を作ることであり、生命を作ることであり、社会の秩序を作ることでした。

　多くの原始宗教が太陽を神としましたが、これは非常に理にかなっていることです。太陽からのエネルギーの最も重要な効果は、秩序の形成です。つまり、宇宙の真理である「エントロピー増大の法則」の大原則に逆行するには、エネルギーの供給が絶対に必須であるということです。先に述べたように、極めて大きなエネルギーを与えてくれる太陽があってこそ、私たち人類は誕生することができたと言えます。

第 **4** 章
自由エネルギー

4-1 平衡ということ

　本書の目的は、化学反応(「こと」)を決定するものは何であるかを理解することです。これまで、「こと」を起こす大きな要因として、私たちは大きく2つのことを学んできました。エネルギー(エンタルピー)とエントロピーです。第3章の後半では、エントロピーとエネルギーの関係を見ました。気体、液体そして固体の相互変換には、エントロピーもエネルギーも関係していることも見てきました。しかし、人間で例えれば、お金(エネルギー)がその人の行動を決めるのか、その人の自由度(エントロピー)がその人の行動を決めるのか、という問題があり、この問題にはここまで答えて来ませんでした。この章でいよいよ、何が「こと」の方向を決めるのか、という当初の問題に答えることにします。

　その前に、何も起こらない変化というものを考えてみます。正確には、「**何事も起こっていないように見える**」変

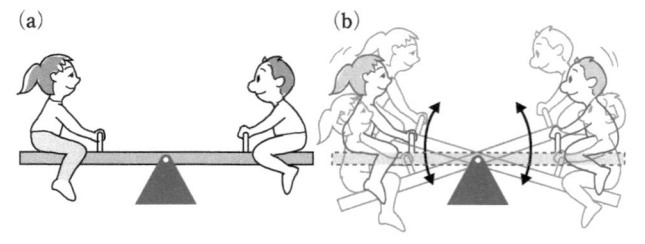

図4-1　平衡状態とシーソー
(a) 平衡状態は静止したシーソーではない
(b) 平衡状態は常に左右がゆらゆら上下しながらあるバランスを取っている状態である。時間平均するとあたかも静止しているように見える

化です。図3-16では25℃の水に氷を浮かべましたが、0℃の水に氷を浮かべた状態を考えてみます。この状態では、水が氷になるエントロピーの変化$\Delta S_{正味(水→氷)}$は0であり、氷が水になるエントロピー変化$\Delta S_{正味(氷→水)}$も0になります。このような状態を平衡状態と言います。平衡状態では変化は見かけ上起こりません。見かけ上というのは「私たちが見ている時間の尺度では」ということです。

万物は生々流転で、変化しないものはないと言えます。平衡状態というのは、理解し易い言葉のようで、私たちの実生活の中でも時々使われますが、どの場合においても、変化がない状態ではなく、**互いに逆向きの変化が拮抗した状態**と考えなければなりません。したがって、平衡状態とは静的なものではなく、本質的に動的なものだと言えます。不思議なもので、時として仮想的かつ抽象的な状態である平衡状態が理解できても、そこにある変化を捉えることが難しいことがあります。本章では、この平衡状態を変え、「こと」を起こすものは何かを考えていきます。

4-2 右に行くか左に行くか
■物質系だけの式にする

前節では、「変化が見かけ上、進むも戻るもしない状態」を平衡と言いました。そして、それは$\Delta S_{正味}$が0であることによることを述べました。この節では、私たちが注目している物質系の変化（例えば$2H_2+O_2\rightarrow 2H_2O$という反応）が起こるか起こらないかを予測する方法について考えてみます。

$$\Delta H_{物質系}$$

$$\Delta H_{環境}$$

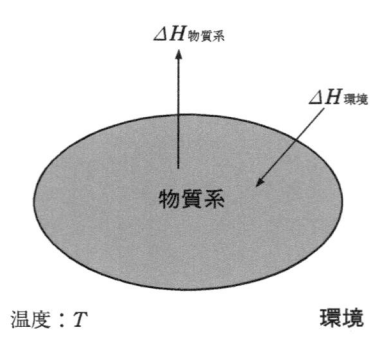

物質系

温度：T　　　　　　　　　　環境

図4-2　物質系と環境との間に出入りするエネルギー

　まず前章のおさらいから始めます。図4-2のように物質系が環境の中にある状態を考えます。この状態でのエントロピーを表現する（3-5）式をもう一度見てみましょう。

$$\Delta S_{正味} = \Delta S_{物質系} + \frac{\Delta H_{環境}}{T_{環境}} \qquad (4\text{-}1)$$

　いま物質系だけについて注目しようとすると、右辺の第2項は何となく邪魔です。そこで、まず$\Delta H_{環境}$をどうにかできないか考えます。環境から出て行くエネルギー（エンタルピー）は、物質系に入ってくるエネルギー（エンタルピー）と同じ量です。出て行く方向を考えるとそれらの符号は反対になりますが、絶対値は同じになるはずです。つまり、

$$\Delta H_{環境} = -\Delta H_{物質系}$$

になります。次に温度ですが、通常、環境は物質系よりも大きいので、変化の起こる時の物質系の温度は環境の温度と同じと考えて差し支えありません。そこで$T_{環境} = T_{物質系} = T$としますと、(4-1) 式は次のようになります。

$$\Delta S_{正味} = \Delta S_{物質系} - \frac{\Delta H_{物質系}}{T} \quad (4\text{-}2)$$

　この式は、物質系に関係する量だけで、その系の正味のエントロピー変化を表します。正味のエントロピーは化学変化の方向を予測したり、理解したりする上で非常に役に立ちます。つまり、$\Delta S_{正味}$がマイナスの符号を持てば、その変化は起こらず、プラスの符号を持てばその変化は起こるであろうと予測できます。変化の方向が予想できることは、非常に重要です。天気予報はかなりはずれますが、この式で予測される方向はまず間違いありません。

　ただ、常に成り立つわけではありません。圧力と温度が一定で、変化の起こる物質系と環境の温度が同じ場合について、成り立ちます。これはひどくきつい条件のように見えますが、例えば私たちの体の中で起こる変化を考える場合、ほとんどの場合に圧力と温度の一定条件は保たれています。また細胞の中で起こる種々の化学変化を考える場合、反応を起こす物質系とそれを取り囲む環境の温度はたいてい等しく、(4-2) 式の条件を満たしています。つまり、化学実験室や化学工場の中のように、能率的に特殊な化学物質を作るような場合でない限り、(4-2) 式は成立していると考えて良いのです。もちろん、私たちの社会の出

来事も定温と定圧下で起こっていますので、原則的にはこの式が成り立っていると考えられます。

■ΔHとΔS、そしてTが鍵を握る

1つ例を考えます。窒素酸化物の中でも一酸化窒素と共に大気汚染の元凶として名高い二酸化窒素NO_2は赤褐色で強い刺激臭があり、かつ腐食性の高い気体です。このNO_2は次式のように、無色の四酸化二窒素N_2O_4に変化します。

$$2NO_2(g) \rightleftarrows N_2O_4(g) \qquad (4\text{-}3)$$

括弧の中のgは気体状態（gas）を表しています。実はNO_2は気体状態以外では、存在しません。固体になると全てN_2O_4になってしまいます。液体では、NO_2とN_2O_4が混ざって存在します。

さて、(4-3) 式の両方向の矢印が示すように、この反応は条件次第で右にも左に行くことを示しています。そこで、298Kではこの反応は右に進むかどうかの予測をしてみます。

予測には、標準生成エンタルピーと**標準エントロピー**の値が必要です。標準エントロピーというのは、標準状態で分子や原子が持っているエントロピーの量で、標準生成エンタルピーと同様に、標準状態を表すために肩に「°」を付けて$S°$と表します。各々の物質の標準エントロピーの値も、実験によって求められています。

NO_2からN_2O_4の変化に伴う標準生成エンタルピーと標準

第4章　自由エネルギー

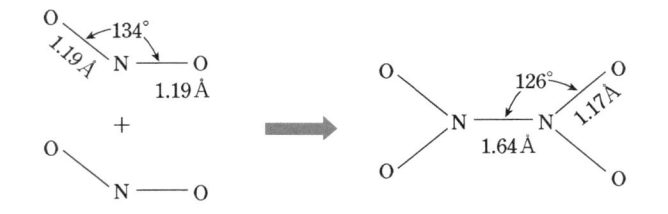

図4-3　NO$_2$分子からのN$_2$O$_4$分子生成

エントロピーの変化は、各々 −57.2kJ/molおよび −175.8 J/(K·mol)であることが分かっているとします（付表1の値を使えば求めることができます）。確認ですが、「標準」とは「1気圧、25℃という条件」でした。私たちが普通考えている環境条件です。この条件で、(4-3)の反応を実際に起こしてみると、その時に必要なエンタルピー（熱）とエントロピーは測定できます。上の値はそのような測定値を示しています。

　まず、これらの数字が妥当であるかどうかの検証から始めてみましょう。実験値だから、確かなはずですが、常にその値の妥当性を「どんぶり勘定」でもチェックすることは、科学を行うだけではなく社会生活を送る上でも重要です。この習慣を付けると、大きな間違いをしないだけでなく、原理原則の理解が深まります。

　では、エンタルピーの変化について考えます。NO$_2$からN$_2$O$_4$の変化は丁寧に書くと図4-3のようになります。NO$_2$分子は「く」の字の形をしています。一方、N$_2$O$_4$分子は

115

6原子が1つの平面に乗った平たい形をしています。この変化で、N_2O_4中には新たにN原子間の結合ができますから、少なくとも、それに対応する結合生成エンタルピーの分だけ、安定になります。絶対値はともかく、標準エンタルピーの変化が負であることは、このことからチェックできました。共有結合1本の結合生成エンタルピーはおおよそ数百kJ/molですから、この結合が弱めの結合であることが予測されます。エントロピーの符号もマイナスです。ここまで読み進んできた読者なら、これは簡単に理解できると思います。$2NO_2$ではN原子間には結合がないので、2分子のNO_2は自由に動けました。しかし、N_2O_4ではN-N結合ができたために、自由さが大きく失われます。状態の数が減るわけですから、当然エントロピーは減少しますので、ΔSの符号はマイナスになります。ということで、与えられた数字は、この反応を考える上で妥当であることが予想されます。

計算は実に簡単で、(4-2)式に数字を入れれば良いのです。1モル当たりの計算をしていますので、あえてモルを表示しませんが、次のようになります。

$$\Delta S_{正味} = \Delta S_{物質系} - \frac{\Delta H_{物質系}}{T}$$

$$= (-175.8 \text{J/K}) - (-57200 \text{J}/298\text{K}) = 16.1 \text{J/K}$$

つまり、$\Delta S_{正味}$の符号がプラスですから、この反応は298K (25℃) では自発的に進むことが予測されます。

それでは、この反応が見かけ上、右にも左にも行かない

状態、つまり平衡にするには温度を何度にすれば良いかを考えてみましょう。平衡では$\Delta S_{正味} = 0$になりますから、その時の温度$T = 57200/175.8 = 325$Kになります。つまり52℃になると、この反応は右にも進まず、左にも進まず、ということになります。温度が52℃になるということは、25℃に比較すれば、環境からこれに相当するエネルギー（エンタルピー）が入って来なければいけないのは、もちろんです。この反応は温度を上げると、止まってしまうのです。私たちの日常でも、非常に良く似たことが起こります。「勉強しろ、勉強しろ！」あるいは「働け、働け！」と言っても、ちっとも能率が上がらないことがあり、ある程度の叱咤激励（温度）に留めておくことが能率アップの秘訣である場合があります。その程度を知るのが、実は難しいのですが……。

それでは、298Kでの反応と同程度にこの反応を左に向かわせる、つまりN_2O_4を分解して、NO_2分子を作るようにするには温度は何度にすれば良いでしょうか？　同じ程度というのを$\Delta S_{正味}$が同じ絶対値になると考えますと、その符号がマイナスになれば良いのですから、$T = 358$K（85℃）と求められます。実際に温度を100℃にすると、NO_2が95％にも達します。

この例で、私たちは（4-2）式の非常に重要な意味を体験しました。つまり、物質系のみに注目すれば、変化は基本的に右にも左にも進ませることが可能だということです。どちらに進むかを決めるのは、その変化に伴うΔH、ΔSそしてTであるということです。複雑怪奇に映る化学反応も、

実はすべて基本的にこの非常に単純な原理に従っています。

4-3　自由エネルギー
■自由に使えるお金は貴重
　アメリカの物理学者ギブズ（Gibbs）は、$\varDelta H$、$\varDelta S$それにTの関係をまとめて、反応の方向が一目で分かる量を考えました。彼はそれを「**自由エネルギー**」と名づけました。これから、この本のテーマである自由エネルギーについて説明していきます。

　まず自由エネルギー（free energy）とは、日常的な例えでいけば、「可処分所得」に近いものです。可処分所得とは、「個人所得の総額から直接税や社会保険料などを差し引いた残りの部分で、個人が自由に使える（処分できる）所得」を指します。

　自由エネルギーは分子などの系における（実は人間も広い意味では入りますが）可処分所得と言うことができます。「こと」が起こるためには、この自由エネルギーの大きさが大きなポイントになります。働いていても、可処分所得が十分になければ、旅行にも行けません。分子の世界でも自由エネルギーを使えなければ、変化を起こすことができないのです。

■自由エネルギーとは
　それでは、自由エネルギーとは何かを見ていきましょう。まず、私たちが通常考えるのは、圧力が一定（大気圧）で温度が一定（標準状態では298K）の条件ですの

で、その条件に限った話を以下にします(今までも基本的にそうでした)。例えば私たちの体の中で起こっている化学反応を考えるのであれば、この条件は別に特別なものではありません。これまでの話から分かるように環境とのエネルギーのやりとりは重要ですが、私たちが興味のあることは、問題にしている物質系についての変化であり、環境における変化ではありません。今問題にしている物質系についてのみ着目し、その系における変化が可能か不可能かを計ることのできる量が**ギブズの自由エネルギー**です。ギブズが最初に考え出したので、この名前がついています。他にもヘルムホルツの自由エネルギーというものも考え出されていますが、私たちの目的にはギブズの自由エネルギーだけで十分です。(4-2) 式をもう一度書いてみます。

$$\Delta S_{正味} = \Delta S_{物質系} - \frac{\Delta H_{物質系}}{T} \qquad (4\text{-}2)$$

分数があると何となく分かりにくいことがあります。そこで、この両辺にTをかけてみます。

$$T\Delta S_{正味} = T\Delta S_{物質系} - \Delta H_{物質系} \qquad (4\text{-}4)$$

この式の両辺の量は、エネルギーの性質(次元)を持ち、$\Delta S_{正味}$が増える方向に変化は自発的に進みます。しかし、第1章で化学変化はエネルギーが小さくなる方向に進むとお話ししました。(4-4) では、その方向と逆の方向になってしまいます。つまり$T\Delta S_{正味}$はエネルギーの次元を持っているのに、この式では「大きいと反応が起こる」になっ

ています。この種の約束事は統一しておいた方が混乱しません。そこで、(4-4) 式の両辺にさらに-1をかけると、

$$-T\Delta S_{正味} = -T\Delta S_{物質系} + \Delta H_{物質系}$$

となります。そうすると、「自発的に進む方向は、$\Delta S_{正味}$が増大する方向で、その物質系のエネルギー（$-T\Delta S_{正味}$）が減少する方向である」となり、すっきりした表現になります。この式でも良いのですが、左辺がうるさい気がします。そこで、ギブズのGを借りて左辺を$\Delta G = -T\Delta S_{正味}$とし、右辺の項を入れ替えてやると次式になります。

$$\Delta G = \Delta H_{物質系} - T\Delta S_{物質系} \qquad (4\text{-}5)$$

大分すっきりと見通しがよくなりました。これが**ギブズの自由エネルギー**です。**ΔGは物質系の可処分エネルギー**に相当します。前に述べましたように、私たちが考える通常の系は定温および定圧ですから、自由エネルギーと言えば、ギブズの自由エネルギーしかありません。そこで、単に自由エネルギーという場合が少なくありません。この本でもこれ以降は、ギブズの自由エネルギーは単に自由エネルギーと呼ぶことにします。自由エネルギーの値と、その変化の方向については次のようにまとめられます。

$\Delta G < 0$　ならその変化は自発的に進む。
$\Delta G > 0$　ならその変化は自発的には進まない。
$\Delta G = 0$　ならその物質系は平衡状態で、変化はどちらに

も進まない。

■*ΔG*が意味すること

（4-5）式は極めて単純な式です。また内容も簡単に理解できます。しかし、その意味しているところは深く、私たち人間の体はもちろん、精神までこの式で表されていると言えます。漢字で書かれた般若心経は、262文字の中で人間を取り囲む真理を簡潔に言い表したものです。それは仏教の経典の1つでもありますが、1つの宗教を超えた普遍性を持っています。そこに集約されているのは、人間の期待や思惑から出てくるユートピア像を記述したものではなく、厳しい自然の観察から得られた普遍的な原理です。しばらく自然を観察してきた人、即ちまじめでもまじめでなくても人生を生きて来た人は、これら自然の法則の存在を好むと好まざるとにかかわらず、体感しています。だから、その法則性を簡潔に表現した般若心経は、力強く、説得力があるのだと思います。

ストア学派のマルクス・アウレリウスも『自省録』の中で、繰り返し自然を規範とし、自然に学ぶこと、私たち自身が自然であることを述べています。2000年近くを経ても『自省録』の内容が退色せず、特に21世紀に入ってその輝きを増しているのは、やはり自然という決して嘘をつかず、決して偶像を作らないものをアウレリウスが心の規範としたからではないかと思います。

（4-5）式の自由エネルギーはたった1行、20に満たない記号によって、私たちを取り巻く自然を、そして私たち自

身を、さらには私たち自身の精神を司る大原則を簡潔に表しています。さらにこの式の意味は、熱力学第2法則という厳粛な法則によって支えられています。物理学は、私たちの自然認識の最も基本的な法則性に関する論理体系と言えます。しかし多くの物理法則が検証されてきた中で、現代の物理学が、絶対的な真理として認めているものは、実は**熱力学の第2法則(エントロピーは増大する)**のみです。相対性理論も含め、多くの理論がまだ理論の域を出ません。熱力学第2法則に基づく (4-5) 式は、「こと」の起こり方の真理を表現している、とも言えます。

4-4 ΔGで化学反応の方向を見定める

化学反応とは例えば次式のように、

$$A+B \rightleftarrows C+D$$

AとBが反応してCとDに変化することです。この反応が自発的に進むかどうかを決定するのが、自由エネルギーです。この節では、化学反応の起こる方向と自由エネルギーとの関係について、幾つか見てみたいと思います。

■メタンの燃焼

最初は次の反応です。

$$CH_4(g) + 2O_2(g) \rightleftarrows CO_2(g) + 2H_2O(g) \quad (4\text{-}6)$$

CH_4はメタンです。つまりメタン・ガスを燃やして、二酸

化炭素と水（気体）ができる反応です。メタン・ガスは天然ガスの主成分ですので、良く燃えるはずです。したがって、この反応は標準状態（1気圧、298K）では、自発的に進むことが予想されます。本当にそうなのか、ΔGを用いて調べてみましょう。

まず付表1から、両辺にある分子の標準生成エンタルピー（$\Delta H°$）と標準エントロピー（$S°$）を探すと、次のような値が求められます。分子を標準状態で生成する時に伴う標準エントロピー（$S°$）も標準生成エンタルピー（$\Delta H°$）と同様に実験的に求めることができます。代表的な分子についてはこのような表に既にまとめられています。

	$\Delta H°$(kJ/mol)	$S°$ (J/(K·mol))
$CH_4(g)$	-74.8	186.3
$2O_2(g)$	0	$205.1 \times 2 = 410.2$
左辺小計	-74.8	596.5
$CO_2(g)$	-393.5	213.7
$2H_2O(g)$	$-241.8 \times 2 = -483.6$	$188.8 \times 2 = 377.6$
右辺小計	-877.1	591.3

(4-6) の反応が右に進む場合のΔHとΔSの変化は、右辺の小計から左辺の小計を差し引いたものになります。したがって

$$\Delta H = -877.1 - (-74.8) = -802.3 \text{kJ/mol}$$

であり、

$$\Delta S = 591.3 - 596.5 = -5.2 \mathrm{J/(K \cdot mol)}$$

になります。物質系が受ける全エネルギー ΔH が絶対値の大きなマイナスの数字になっていますから、この反応が進むと大きな発熱が起こることを意味します。一方、ΔS はマイナスになるので、エントロピーの観点からは僅かながらこの反応は不利であることが分かります。しかし自由エネルギーを計算するまでもなく、ΔH が圧倒的に勝つことが予想されます。$T = 298\mathrm{K}$ として実際に ΔG を計算すると次式になります。

$$\Delta G = \Delta H - T\Delta S = -802.3 - 298 \times (-5.2 \times 10^{-3})$$
$$= -800.8 \mathrm{kJ/mol}$$

ΔG は大きな負の値を取りますから、(4-6) の反応は自発的に右方向に進むことが確かめられます。つまりメタン・ガスは燃え易いということが分かります。

■塩化水素の合成

2番目の反応は

$$\mathrm{H}_2(g) + \mathrm{Cl}_2(g) \rightleftarrows 2\mathrm{HCl}(g)$$

です。まず標準生成エンタルピーと標準エントロピーを付表1から求めてみます。

第4章　自由エネルギー

	$\Delta H°$(kJ/mol)	$S°$(J/(K·mol))
$H_2(g)$	0	130.7
$Cl_2(g)$	0	223.1
左辺小計	0	353.8
$2HCl(g)$	$-92.3 \times 2 = -184.6$	$186.9 \times 2 = 373.8$
右辺小計	-184.6	373.8

反応が右に進む場合のΔHとΔSの変化は、右辺の小計から左辺の小計を差し引いたものになります。したがって

$$\Delta H = -184.6 - 0 = -184.6 \text{ kJ/mol}$$

であり、

$$\Delta S = 373.8 - 353.8 = 20 \text{J/(K·mol)}$$

になります。ΔHが絶対値の大きな負の数で、ΔSは僅かですが正の数になります。したがってこの反応は標準状態では自発的に進むことが予想されます。自由エネルギー変化はどうでしょうか。

$$\Delta G = \Delta H - T\Delta S = -184.6 - 298 \times 0.02 = -190.6 \text{kJ/mol}$$

となりますので、やはり自発的にこの反応が進むことが分かります。HCl分子1モルについてのΔGは当然この半分ですから、-95.3 kJ/molということになります。H_2ガスとCl_2ガスを混ぜ、きっかけさえ与えれば、容易にHClガスができるだろうということが、この検討から分かります。

■尿素の合成

3番目の例は、アンモニアと二酸化炭素から尿素を作る次の反応です。

$$2NH_3(g) + CO_2(g) \rightleftarrows H_2NC(=O)NH_2(s) + H_2O(l) \qquad (4\text{-}7)$$

カッコ内の s は固体状態を示します。尿素の化学構造は図4-4に示します。上の例に従って ΔG を最終的に求めれば、この反応が自発的に進むかどうかが確認できます。要領の分かった読者は以下を見ないで、付表1のデータを使って考えてみて下さい。

私たちの体の中で起こる反応の過程で生じた有害なアンモニア分子は、より安全な分子である尿素に変換され、体外に排出されます。したがって、尿素の生成は、アンモニアができしだい起こって欲しい反応です。尿素は一方で工業原料や肥料としても有用ですので、化学的に大量に合成され、化粧品などにも含まれています。(4-7)式は、化学的

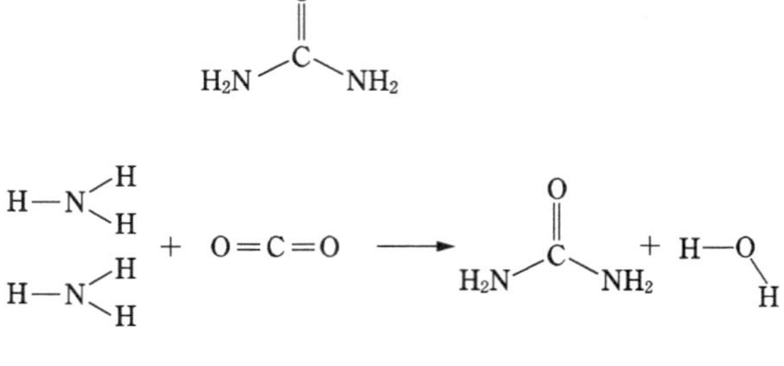

図4-4 尿素の化学構造式と生成

に尿素を合成する場合を考えていますが、標準状態で自発的にこの化学反応は進むはずです。両辺にある分子の標準生成エンタルピーと標準エントロピーは次のようになります。

	$\Delta H°$(kJ/mol)	$S°$(J/(K·mol))
$2NH_3(g)$	$-46.1 \times 2 = -92.2$	$192.5 \times 2 = 385.0$
$CO_2(g)$	-393.5	213.7
左辺小計	-485.7	598.7
尿素(s)	-333.2	104.6
$H_2O(l)$	-285.8	69.9
右辺小計	-619.0	174.5

したがって、(4-7)の反応が右に進む場合のエンタルピーおよびエントロピーの変化は、それぞれ$\Delta H = -133.3$ kJ/molおよび$\Delta S = -424.2$ J/(K·mol)となります。尿素が固体になり、生じる水が気体ではなく液体になることを考えているために、エントロピーはかなり大きく負になります。したがって、この反応が本当に自発的に右に進むものかどうか、自由エネルギーを計算しないと微妙な所です。標準状態（1気圧、298K）での自由エネルギー変化は次のようになります。

$\Delta G = \Delta H - T\Delta S = -133.3 - 298 \times (-0.424) = -7.0$ kJ/mol

先の2つの例に比較するとΔGの絶対値は非常に小さいのですが、負の値を取っているのですれすれ合格で、この反

応は右に自発的に進むことが分かります。もちろん、標準状態で、です。かなり危うい反応であることが分かります。

温度を50℃にしたらどうでしょうか？ 上式で、$T=323$Kにすればよいので、簡単に求められます。本当は各分子の生成エンタルピーと生成エントロピーの値は温度によって少し変化しますので、標準状態での値とは異なりますが、その差はここでの議論には差し支えないほど小さいものです。したがって、ここでは標準状態での値で代行します。すると、この温度での、$\Delta G = +3.7$kJ/molとなります。絶対値は小さいですが、符号は正ですから、この反応は自発的には進まないことが予想されます。つまり、圧力を1気圧に保つ場合、高温にすると、この反応は起こりにくいことが分かりました。

■グルコースの酸化

化学反応の方向性に関する例の最後は、グルコース（ブドウ糖 $C_6H_{12}O_6$）の酸化です。グルコースは私たち生物のエネルギー源です。図4-5にグルコース分子の化学構造

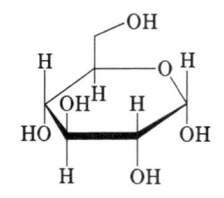

図4-5 グルコースの化学構造

を示します。私たちの体内では血液で運ばれてきた酸素分子がグルコースと反応して、最終的に二酸化炭素と水ができます。これは生体内反応でも最重要な反応の1つですから、標準状態では自発的に起こって欲しいものです。標準状態でグルコースは白い固体ですから、もちろん空気中で燃やすこともできます。その時に空気中で起こる反応と生物体内で起こる反応は基本的に全く同じです。異なるのは、反応が水溶液中で起こるか、それとも空気中で起こるかだけです。さてこの反応の自発性について吟味してみましょう。化学反応は次のようです。

$$C_6H_{12}O_6(s) + 6O_2(g) \rightarrow 6CO_2(g) + 6H_2O(l)$$

いままで通りに、各辺の分子の標準生成エンタルピーと標準エントロピーを調べましょう。

	$\Delta H°$(kJ/mol)	$S°$(J/(K·mol))
$C_6H_{12}O_6(s)$	-1274.4	212.1
$6O_2(g)$	0	$205.1 \times 6 = 1230.6$
左辺小計	-1274.4	1443
$6CO_2(g)$	$-393.5 \times 6 = -2361.0$	$213.7 \times 6 = 1282.2$
$6H_2O(l)$	$-285.8 \times 6 = -1714.8$	$69.9 \times 6 = 419.4$
右辺小計	-4075.8	1702

したがって、ΔHとΔSはそれぞれ、-2801kJ/molおよび259J/(K·mol) になります。固体のグルコースが気体になるので、エントロピーの増加は非常に大きくなります。グルコースがより安定なCO_2とH_2O分子になるので、大きな

エンタルピーが放出されます。このエンタルピーは熱（運動）エネルギーに変わり、この反応は発熱反応になります。グルコースが体内で燃えると、体温が上昇するのはこのためです。

さてΔGが問題でした。

$$\Delta G = \Delta H - T\Delta S = -2801 - 298 \times 0.259 = -2878 \text{kJ/mol}$$

自由エネルギーの変化ΔGは絶対値の非常に大きな負の値になりました。無論、このことはこの反応が少なくとも生体内での環境では自発的に進むことを意味しています。私たちは安心して、暮らしていけるということです。

それでは、体はたくさんの自由エネルギーを獲得して、それを単に体温を上げるだけに使うのでしょうか？

既にお話ししたように、分子の運動エネルギー（つまり熱）にエネルギーを使うことは、エネルギーを捨てることにも等しいことです。私たち生物は、そんな愚かな（もったいない）ことはしません。ここで稼いだ自由エネルギーつまり可処分所得はきちんと化学結合エネルギーという形で貯金します。すなわち、すでにお話ししたATPの中の化学結合エネルギーとして大部分が貯金されます。化学エネルギーは正に可処分所得で、体の中でいろいろな活動を行う時に、この貯め込んだエネルギーを使うことができます。生物における自由エネルギーの重要な意味はここにあります。

この節では、化学反応の方向を決める上で、自由エネルギーという概念がいかに重要かについてお話ししました。

全ての化学反応が、この考え方で説明できます。化学は知識の寄せ集めで、すべてがケース・バイ・ケースであるかのような印象を持っている人が多いのは、とても残念なことです。しかし、実は化学は物理学の原則に基づいているので、原則さえ分かれば、基本的にどのような問題も同じ考え方で解決することができるのです。高等学校の教科書などでは、広範囲の事柄を盛り込んでしまうために、どうしても知識としての化学に重点がおかれてしまいます。したがって、化学は雲を摑むようなお化けのような教科としてとらえられてしまうことが多いようです。この節の説明から分かるように、**化学反応が進む（化学変化が起こる）にはきちんとした、しかも単純な理屈があるのです**。たくさんの例を覚えるより、この理屈を理解する方が実はずっと大切なのです。

4-5　食塩が水に溶けるのはなぜか

　食塩は水に溶けます。物を水に溶かすということは、私たちの日常生活でしょっちゅう経験します。ところが、なぜ溶けるかを説明するのは、なかなか難しいものです。第3章での説明を覚えている読者は、それについては3-2で既に説明済みだろうと思うでしょう。赤いインクを水に落とすと、赤いインクは水の中に拡散し、最後に水は薄い桃色になるという話です。赤い色素が水分子の中に分散していくことは、エントロピーの増大を意味するので、エントロピーが重要な鍵を握りますが、溶ける物によっては、もう少し考えないと「溶ける、溶けない」の説明が付きま

せん。化学アレルギーの読者（ここまで来れば、既に化学好きに近づいて（？）いますが……）は、「また例外ですか」と思うかも知れませんが、決してそうではありませんので、しばらく読み進んで下さい。

■「溶ける」を分子レベルで見ると

NaClはイオン性の物質の代表です。この物質はNa^+（陽イオン）とCl^-（陰イオン）というイオンからなっており、水に溶けると、陽イオンと陰イオンは離れ離れになり、水分子の間に拡散していきます。つまり溶けるということです。

イオン性物質により、水に溶ける際にその水溶液の温度が下がる場合と、上がる場合があります。NaClは水温を下げる代表例です。逆に同じ塩素原子を含むイオン性物質である$CaCl_2$（塩化カルシウム）が水に溶けると、発熱して水温を上げます。いずれも、溶けた状態では全く透明になります。どうして、これらのイオン性物質は水によく溶け、かつ発熱したり吸熱したりするのでしょうか？

NaClが水に溶けることを考える上でまず知らなくてはいけないのが、水の性質です。水分子は図4-6に示すように、くの字に折れ曲がった形をしており、酸素原子は少し

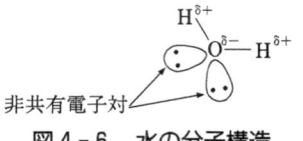

図4-6　水の分子構造

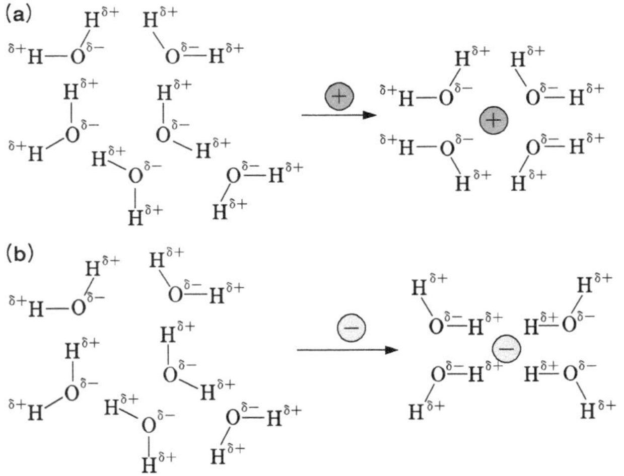

図4-7 陽イオンと陰イオンの周りを水が取り囲む

マイナスの電荷（これを$\delta-$と表します）を帯びています。これは、酸素原子の電気陰性度（マイナス電荷を帯び易い傾向）が水素原子より大きいこと、また酸素原子には非共有電子対が2対あることによります。化学結合に関与しないで、原子付近にいる比較的動き易い電子のペアを非共有電子対と呼びます。一方、水素原子は少しプラスの電荷（これを$\delta+$と表します）を帯びています。したがって、水の中にプラスの電荷を帯びたイオンが入ってくると、そのイオンの周りを水分子の酸素原子が取り囲むようになります（図4-7 (a)）。逆に、陰イオンが水に入ってくると、その周りは水分子のH原子がぐるりと取り囲むことになります（図4-7 (b)）。このような水の性質により、

133

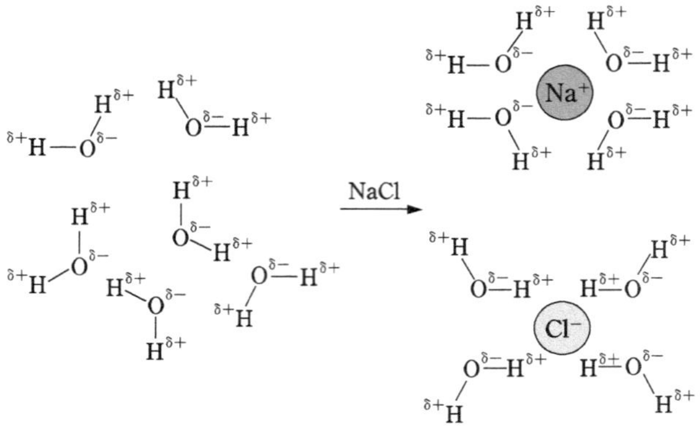

図 4-8　水に NaCl が溶ける

　イオン性の物質は水に入ると陽イオンと陰イオンが離れ離れになります。つまり溶けるということです。水がイオン性の物質を非常に良く溶かす理由は、水のこの性質によるのです。細胞の中にあるいろいろな物質を高濃度で溶かし込むことのできる液体は、水以外にはあり得ません。水がなければ生命が生まれなかったと言われるのも、この水の性質によります。

　さて、水にNaClを入れると、はじめは固体ですが、最終的に図4-8のようにNa$^+$の周りを水分子のO原子が取り囲み、Cl$^-$の周りを水分子のH原子が取り囲む形で、NaClは水に完全に溶けます。完全に溶けるとは、Na$^+$とCl$^-$が全て引き離されることです。イオンは水に入ると水分子の衣を着るということです。

　食卓塩の白い結晶（実は透明な結晶です）はNaClの固

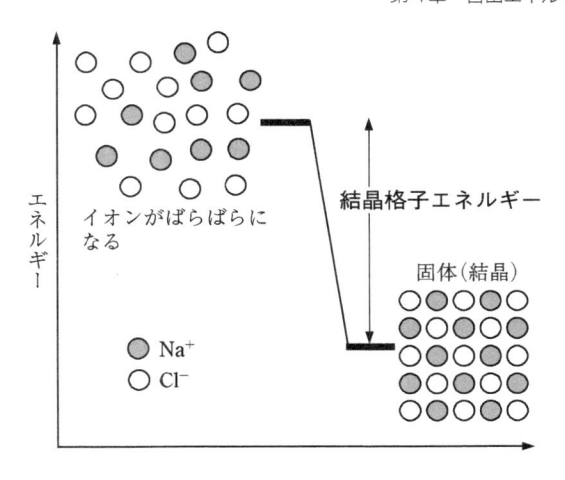

図4-9 結晶格子エネルギー
イオンが固体になる時に安定化するエネルギー

体ですが、この結晶中ではNa$^+$とCl$^-$は交互にぎっしり詰まっています。このような結晶をイオン結晶と言い、プラスのイオンとマイナスのイオンが引き合って安定になっています。イオン結晶の中では位置エネルギーが最低になるまで、陽および陰イオンは接近しています。したがって、イオンをばらばらにした状態より、結晶の方がずっとエネルギーは安定になります（図4-9）。この安定化エネルギーのことを結晶格子エネルギーと言います。

イオンが水に溶けると、図4-8のようにイオンの周りを水分子が取り囲みます。これは水分子と各イオンの間にゆるい結合ができたことと同じです。したがって、イオンだけがばらばらにいる時に比べると、やはり位置エネルギーが

陰イオン	Cl^-		Br^-		I^-	
	$\Delta E_{格子}$	$\Delta E_{水和}$	$\Delta E_{格子}$	$\Delta E_{水和}$	$\Delta E_{格子}$	$\Delta E_{水和}$
陽イオン						
Na^+	787	−784	751	−753	700	−708
K^+	717	−701	689	−670	645	−625
Ag^+	916	−850	903	−819	887	−774
Mg^{2+}	2542	−2679	2440	−2626	2327	−2540
Ca^{2+}	2260	−2337	2176	−2285	2074	−2194

陰イオン	CO_3^{2-}		S^{2-}	
	$\Delta E_{格子}$	$\Delta E_{水和}$	$\Delta E_{格子}$	$\Delta E_{水和}$
陽イオン				
Na^+				
K^+				
Ag^+				
Mg^{2+}	3122	−3148	3406	−3480
Ca^{2+}	2804	−2817	3119	−3140

表4−1　代表的な無機塩の格子エネルギーと水和エネルギー（kJ/mol）

低く（安定に）なります。水の衣を着て安定になった分のエネルギーのことを水和エネルギーと言います。表4-1に代表的なイオンの格子エネルギーと水和エネルギーを示しました。この値を使うと、NaClの水への溶解に伴うエネルギーの収支勘定を求めることができます。

図4-10にイオンの結晶状態と水に溶かした状態の比較を示しました。このように、溶解に伴って水溶液に出入りするエネルギー $\Delta E_{溶解}$ は $\Delta E_{格子}$ と $\Delta E_{水和}$ の大きさによって決まります。NaClの場合には、$\Delta E_{溶解} = 3$ kJ/molになり、エネ

第4章　自由エネルギー

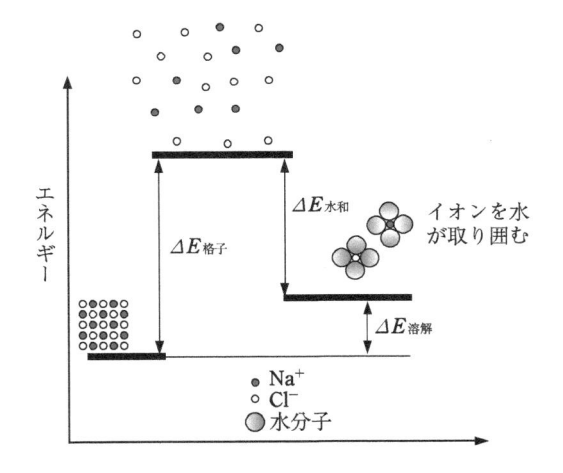

図4-10　イオンの水和および溶解エネルギー

ルギーを環境から吸収することになります。現実的には、水溶液の温度（運動エネルギー）が低下することになります。

この話は不思議です。もし、$\Delta E_{水和}$の絶対値が$\Delta E_{格子}$の絶対値より小さければ、図4-10のように、溶解する方がエネルギー的に不安定になります。自然界の現象は絶対に不安定な方向には進みません。これが自然界の掟です。

■溶解のΔG

それでは、いったい何が、NaClを溶かしているのでしょうか？　変化の方向を決めるのは、自由エネルギーでした。**化学反応に限らず、物事の起こる方向を決めるのは何**

でも自由エネルギーと考えて良いのです。それでは、この方針（思い込み？）に従って、NaClの水への溶解に伴う自由エネルギー変化を調べてみましょう。

これまでの化学反応の場合の、分子の生成エンタルピーや生成エントロピーと異なり、この問題を考えるには、イオン性物質が水に溶解する時のエンタルピーとエントロピーを知る必要があります。これらの値も実験的に測定できます。付表1には、標準状態において1kgの水に1モルのイオンが溶ける時のエンタルピーとエントロピーの変化の値も載っています。水に溶けた時の状態は括弧の中のaqで表されます。まずNaClの溶解を化学反応と同じように次式で表します。

$$\mathrm{NaCl}(s) \rightarrow \mathrm{Na}^+(aq) + \mathrm{Cl}^-(aq)$$

右辺と左辺の標準生成エンタルピーと標準エントロピーを、例によって書き出してみます。

	$\Delta H°$(kJ/mol)	$S°$(J/(K·mol))
NaCl(s)	−411.2	72.1
左辺小計	−411.2	72.1
Na$^+$(aq)	−240.1	59.0
Cl$^-$(aq)	−167.2	56.5
右辺小計	−407.3	115.5

したがって、溶解に伴うΔHおよびΔSはそれぞれ「右辺−左辺」ですから、+3.9kJ/molおよび+43.4J/(K·mol)になります。ΔHがプラスの符号なので、この変化が進むに

(a) (b)

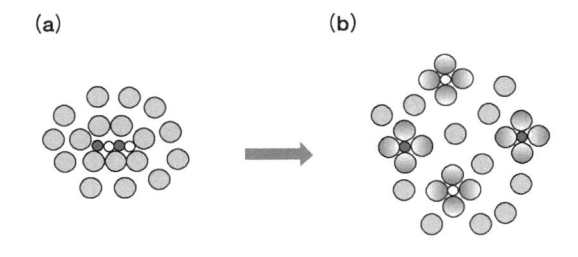

● : Na$^+$ ○ : Cl$^-$

図 4-11　塩化ナトリウムの水への溶解

は環境からエネルギーを吸収する必要があります。つまり溶液の温度は低下します。エンタルピーからは自発的には起こりにくい過程と考えられます。一方、ΔSは正の値を示しますので、エントロピーからは自発的に進む過程と考えられます。後はT次第ということです。

　水溶液中では固体中よりもNa$^+$とCl$^-$は自由に動けるので、位置エントロピーは増加することが予想されるので、ΔSが正になっても不思議はありません。しかし、それにしてもΔSの増加分が何となく物足りないのは、水溶液中では、各イオンの周りに今度は水分子が配列するからです。

　例えば、図4-11に示すように、2組のNa$^+$Cl$^-$からなる結晶が、水に溶ける様子を考えてみます。(a) の状態では、Na$^+$Cl$^-$は固体で、その周りを水分子が取り囲んでいます。(b) では、Na$^+$とCl$^-$が離れて、その周りを水分子が囲みます（水和します）。即ち、Na$^+$とCl$^-$に関して言えば、(a) から (b) に向かうに従い位置エントロピーは増

大します。ところが、水分子の立場から言えば、(a) から (b) に向かうとイオンの粒子が増えるので、それにつれてイオンを囲む水分子の数も増え、位置エントロピーは減少します。NaClの水和の場合、その兼ね合いで、$\Delta S = +43.4 \text{J}/(\text{K·mol})$ になるのです。それでは、標準状態298Kでの自由エネルギー変化を求めてみます。

$$\Delta G = \Delta H - T\Delta S = +3.87 - 298 \times (0.0434) = -9.06 \text{kJ/mol}$$

確かに自由エネルギーはマイナスの量になり、水への溶解が自発的に起こることが分かりました。

■塩化カルシウムの溶解反応

さて塩化カルシウム($CaCl_2$)は無色の固体で、非常に良く水分を吸収するので、化学実験室では乾燥剤としてよく使われます。$CaCl_2$を水に入れると発熱します。NaClの場合と逆です。この場合についてもNaClと同様に、考えてみることにします。反応式は次の通りです。

$$CaCl_2(s) \rightarrow Ca^{2+}(aq) + 2Cl^-(aq)$$

例によって付表1の値を用いて、両辺の標準生成エンタルピーと標準エントロピーを求めます。

	$\Delta H°$(kJ/mol)	$S°$(J/(K·mol))
$CaCl_2(s)$	-795.8	104.6
左辺小計	-795.8	104.6
$Ca^{2+}(aq)$	-542.8	-53.1

$2Cl^-(aq)$	$-167.2 \times 2 = -334.4$	$56.5 \times 2 = 113.0$
右辺小計	-877.2	59.9

したがって、この変化に伴うΔHとΔSはそれぞれ-81.4kJ/molおよび-44.7J/(K·mol)です。まさしくこの溶解は発熱を伴います。注目すべきことは、ΔSがマイナスであることです。またCa^{2+}イオンの水和に伴うΔSもマイナスです。この点については後で触れることにして、これらの値を使って標準状態でのΔGを求めると、次のようになります。

$$\Delta G = \Delta H - T\Delta S = -81.4 - 298 \times (-0.0447)$$
$$= -68.1 \text{kJ/mol}$$

自由エネルギー変化から判断すると、$CaCl_2$の水への溶解は自発的に起こることが分かります。このことは$CaCl_2$が乾燥剤（水を吸うので）として使われていることからも不思議ではありません。

興味深いのは、ΔSの減少です。$CaCl_2$がイオン化して水分子の中に分散されるのですから、むしろ位置エントロピーは増加するはずです。それが実際には減少しているのは、やはりイオンの周りの水分子の配列が密接に関係しています。Ca^{2+}は2+の電荷を持っているので、その周りには1+の陽イオンより多くの水分子を引きつけ、周りの水を整列させます（図4-12）。したがって位置エントロピーは減少し、Ca^{2+}イオンの水和エントロピーの符号がマイナスになるのです。価数が大きいイオンほど周りに従える水

○ : Cl^-

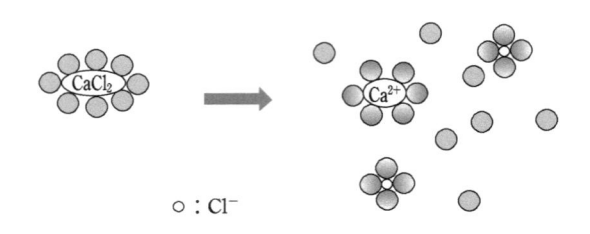

図4-12 塩化カルシウムの水への溶解

の数が増えるので、水和によるエントロピーの減少量は大きくなります。これが水への溶解性、逆に言えば水からの沈殿のしやすさと密接に関係します。以上のように、ある無機塩が水に溶け易いか溶けにくいかという問題も自由エネルギー変化を考えれば、原則的に予測できます。

■リン酸カルシウムの溶解

最後にリン酸カルシウム（$Ca_3(PO_4)_2$）の水への溶解について考えてみます。リン酸カルシウムは脊椎動物の骨や歯の主成分です。したがって、標準状態で水に簡単に溶けてもらっては困ります。この変化は次式のようになります。

$$Ca_3(PO_4)_2(s) \rightarrow 3Ca^{2+}(aq) + 2PO_4^{3-}(aq) \qquad (4-8)$$

この変化に伴うΔHとΔSは、それぞれ$-62kJ/mol$および$-846J/(K \cdot mol)$と求められます。この場合もΔSが大きく減少しています。これは、陽イオンも陰イオンも多価イオ

ンであるため、先に述べたように、水和に伴い、より多くの水分子を抱きかかえることが原因です。水の中で、ある程度自由に動いていた水分子が、多価イオンの周りに強制的に配列させられることにより、位置エントロピーが減少するのです。これが混合による位置エントロピーの増加を相殺して余りあるほど大きくなるために、ΔSが大きくマイナスになります。さてΔGを求めてみましょう。

$$\Delta G = \Delta H - T\Delta S = -62.0 - 298 \times (-0.846) = 190 \text{kJ/mol}$$

自由エネルギーは大きなプラスの量になりました。(4-8)の変化は標準状態では自発的に進まないことが分かりました。したがって、私たちは歯が溶け出す心配をせず、安心してミネラル・ウォーターを口に含んでいられます。この例のように、多価イオンの周りでの水の配列によるエントロピーの減少が非常に大きいことは注目すべきことです。

4-6 水は油と混ざらない
■水と油

ガラスの容器に入った水に少量の油を入れ、激しくかき混ぜます。油はいったん水に混ざったように見えます。しかし、ガラス容器の壁をよく観察すると、そのうち小さな油の粒が見えてきます。その粒はさらに互いにくっつき合い、次第に大きくなります。ある大きさになると、油の粒となり、水面に浮いていきます。十分長い時間放置すると、油は水の上に層を作り、水から完全に分離されます。

なぜ油は水に混ざりにくいのか、その理由を考えてみましょう。

　油のように、水と混ざりにくい性質を持った物質を「疎水性物質」と言います。この現象は日常的な問題ですが、教科書ではあまり取り上げられていません。まず油とは何かということから始める必要があります。油と呼ばれるものを大きく分けると2つになります。1つは鉱物性油と呼ばれるもので、分子のほとんど全てが炭素原子と水素原子のみからなっています。鉱物性油の大部分は石油から採れるものです。石油はもともと生物に由来するので、これを鉱物性油というのは少し違和感がありますが、通常このような分類が使われています。もう1つは動植物性油と呼ばれるもので、長鎖脂肪酸であるトリグリセリドという物質を主成分とします。後者の場合にも分子の大部分が炭素原子と水素原子からなっています。

　図4-13にその例を示します。鉱物性油の例であるヘキサ

(a) ヘキサン

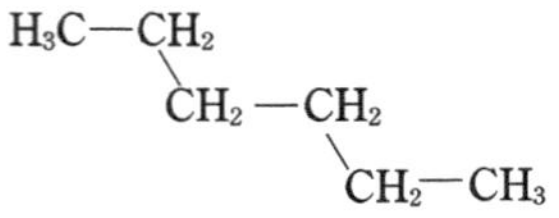

(b) トリグリセリド

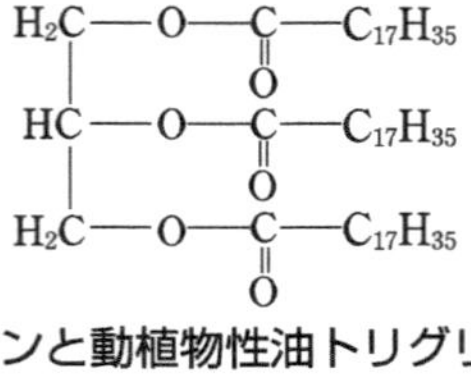

図4-13　鉱物性油ヘキサンと動植物性油トリグリセリドの化学構造

ンは6個の炭素原子と14個の水素原子からなります。それに対して動植物性油の代表である（b）のトリグリセリドは、ステアリン酸$C_{17}H_{35}COOH$と呼ばれる高級脂肪酸が主成分になっています。ステアリン酸は牛肉の脂肪の主成分です。(b) もほとんどが炭素原子と水素原子からなっていることが分かります。ヘキサンは常温では液体で、水には不溶です。

■液体の仕組み

ここでヘキサンがなぜ常温では液体なのかを考えてみます。

その前にまず、なぜ水分子が常温で液体であるかについておさらいします。水分子には酸素原子があります。酸素原子はマイナスの電荷（δ−）を帯び易い性格（電気陰性度が高い）を持っています。この性質にも影響されて、水素原子は幾分プラスの電荷（δ+）を持つようになります。つまり、図4-14の（a）のように、水分子は完全にばらばらにいるのではなく、（b）のように、δ−とδ+の間に働く弱い電気的な引力によって水分子同士は集合しています。このように水素原子を介して電気陰性度の高い原子同士が近づく力を水素結合と言います。水は水分子同士の水素結合によって、液体でいられるのです。

それではヘキサンの場合はどうでしょうか？ ヘキサン中には電気陰性度の高い原子が含まれていないので、そのままですと分子同士を引き付ける力がなく、液体にはなれそうにありません。どのような力がヘキサン分子同士を引

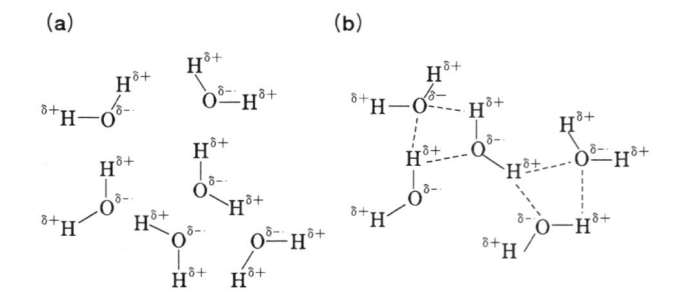

図4-14　水分子は水中で水素結合をしている。水素結合は破線で示す

き付けて液体にしているのでしょうか。その原因は**ファン・デル・ワールス力**(分散力とも呼ばれます)と呼ばれる力です。実はこの力は全ての原子間そして全ての分子間に存在する力です。基本的に引力として作用するので、全ての原子や分子は本質的に集合する性質を持っていることになります。

　原子や分子も人間と同じように、ぽつんと1個でいるより、なるべく集団を作ろうとする本質的な性質を持っています。この性質は、熱力学の第1法則や第2法則と同じように非常に重要な真理です。人間社会で言えば、どこの民族でも、多くの人達は大なり小なりの集団を作って生活をしています。そこにある基本的な共通性は、「類を以て集まる」(『易経』)という句に簡潔に述べられています。正に、この節で述べていることは「類を以て集まる」です。既に述べていますが、自然科学の法則は、私たちの社会や

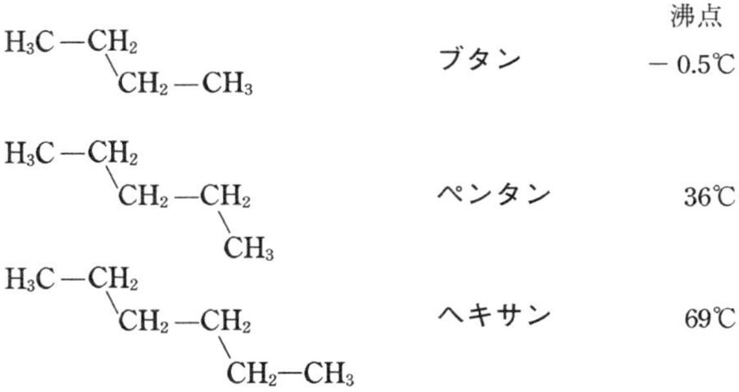

                                                     沸点
H₃C―CH₂
　　　CH₂―CH₃   ブタン   －0.5℃

H₃C―CH₂
　　　CH₂―CH₂   ペンタン   36℃
　　　　　　CH₃

H₃C―CH₂
　　　CH₂―CH₂   ヘキサン   69℃
　　　　　　CH₂―CH₃

図4-15　数種の炭化水素の沸点

人間関係においても成り立っているので、人間社会を深く観察した哲人達は、人間社会を通して宇宙の真理を知り得たわけです。自然科学の精緻な実験手段からの言わば無機的かつ論理的なアプローチと、人間社会あるいは人間自身からの言わば情緒的かつ経験的なアプローチから得られる真理が一致するのは、多くの宗教が目指す命題とも相通じるものがあります。

　さて、分子の重さがある程度以上である分子はこのファン・デル・ワールス力によって集合し、液体を作ります。ファン・デル・ワールス力は全ての原子間に働きますから、原子の数が多いほど、つまり分子が大きくなるほどその引力は大きくなることになります。したがって、分子が小さくなると、室温での運動エネルギーが、ファン・デル・ワールス力による引力に打ち勝ってしまうために、液体ではいられず、気体になってしまいます。例えば炭素原子の数が4個のブタン（図4-15）は、常温ではもはや液体

ではいられず気体になってしまいます。

　ペンタンは常温でかろうじて液体ですが、36℃以上では気体になってしまいます。原子対に働くファン・デル・ワールス力の1つ1つは非常に弱い力ですが、膨大な数の分子が存在すると、その力は無視できなくなるほど大きくなります。ちょうど1票1票は小さい力ですが、まとまると国の方向を変えることのできる選挙に似ています。私たちの体の中で、生命活動の実際の担い手になっているのはタンパク質という巨大な分子ですが、この巨大分子が形を保っていられるのは実はファン・デル・ワールス力が働くからです。生命は分子レベルからある意味での民主主義に従っているとも言えます。

■疎水性をΔGで考える

　さて大分遠回りをしてきましたが、本題に戻ります。油の例として、ここではヘキサンを例にとって以下話を進めます。

　ヘキサンの液体の中では、ヘキサン同士はファン・デル・ワールス力で集合しています。水の中では、水分子は水素結合で集合しています。2つの液体が完全に混じり合うということは、水分子の間にヘキサン分子が交互に入り込むことを意味します。そのためには、まずヘキサン分子間のファン・デル・ワールス力と水分子間の水素結合をある程度切る必要があります。前にも説明したように、結合や引力を切断するには外部からエネルギーを与えなければなりません。ですから、ヘキサンを水に混ぜる時に、ある

(a)　　　　　　　(b)

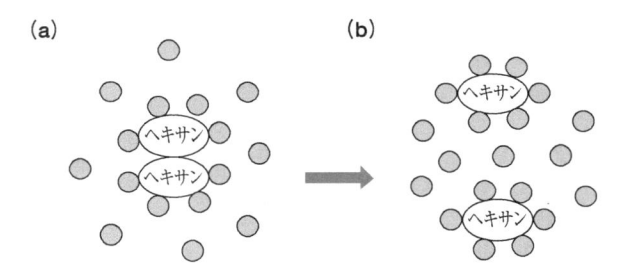

図4-16　疎水的な分子の水和とエントロピー変化

程度のエンタルピー変化ΔHが観察されるはずです。

　ところが多くの実験結果によると、そのようなエンタルピー変化はほとんどの場合に観測されません。つまり、ヘキサン液体中のファン・デル・ワールス力の切断に必要なエネルギーは、水の中の水素結合を切断するためのエネルギーでほぼ相殺されてしまうということです。ΔHの変化はほとんどないのですから、熱エントロピーの変化もほとんどないということになります。それなら、位置のエントロピーが問題でしょう、ということになります。

　いま問題を簡単にするために、ファン・デル・ワールス力で集合した2個のヘキサン分子が、1個ずつのヘキサン分子として水に溶け込むことを考えます（図4-16）。(a)では2個のヘキサン分子は集合していますが、その周りを水分子がファン・デル・ワールス力で取り囲みます。これらの水分子は他の水分子と異なり、ヘキサン分子にファン・デル・ワールス力で縛られるために、自由に動き回ることはできません。このように、疎水的な分子の周りに水

分子が配列することは、実験的にも確認されていることです。ヘキサン分子に捕らえられた水分子と言えます。

　(b) では、1分子ずつに分かれたヘキサン分子の周りをやはり水分子が取り囲みます。やはりこれらの水分子の自由は奪われます。自由を奪われる水分子はヘキサン分子の表面で捕らえられますから、大雑把に言うと、その数は油の分子の表面積に比例することになります。(a) では、2つのヘキサン分子が接触していますので、接触している部分には水は接近できません。それに対して (b) では、各ヘキサン分子の周りをぐるりと水分子が取り囲むことができます。つまり、図4-16で (b) の方が、自由に動ける水分子の数が減少するということです。これは、位置エントロピーの観点から (a) から (b) の変化が起こりにくいことを示しています。このことは、一般に油の分子が水の中に広がる場合にも成り立ちます。先に述べたように、$\Delta H = 0$ と見なせるので、自由エネルギーの変化は

$$\Delta G = \Delta H - T\Delta S = -T\Delta S$$

となります。今の場合、ΔS がマイナスになりますから、ΔG はプラスになり、油の分子が水の中に溶けていくことは自発的には起こらないということが分かりました。互いに相互作用のない赤い球と白い球を混ぜるという場合であれば、混合によって状態の数が増えるので、エントロピーは増大し、油分子がどんどん水分子に混ざっていくはずですが、分子同士の間に相互作用のある場合には、それほど単純ではないということです。

長い説明になりましたが、「油と水が混ざらない」理由が分かりました。ここでもエントロピーの増大の法則が破られるわけでもなく、やはり自由エネルギーが「こと」の起こる方向を決める支配因子であることに変わりありません。

■メタン・クラスレート

疎水性の分子、つまり油のような分子、が水の中に溶けると、その周りに水分子が配列すると説明しました。その典型的な例の１つがメタン・クラスレート（ハイドレート）です。最近あまり取り上げられませんが、エネルギー問題を解決する１つとして注目されたことがありました。メタン・クラスレートは海底のバクテリアが産生したメタン・ガスが水によって閉じ込められたものですが、メタン分子の周りで水分子は非常に規則的な籠形の構造を作っています。その構造はほとんど氷のような構造をとっています。メタン・クラスレートは雪の塊のような白いシャーベット状の固体で、火をつけると青い炎を上げて燃え、残りは水だけになります。深い海底にあるために、その掘削が困難であることが問題です。日本は深い海に囲まれていますので、多くのメタン・クラスレートが埋蔵されていると考えられています。掘削技術が進歩すれば、天然ガスに代わるエネルギー資源になります。もちろん、メタン・クラスレートは高い圧力があって初めてできるものですが、疎水性の分子の周囲に水分子が規則的に配列することを明確に示している例です。

4-7 融雪剤の働きを理解する

■凝固点を下げる融雪剤

　雪が降ると融雪剤を道路、特に高速道路に撒きます。融雪剤には通常塩化カルシウム（$CaCl_2$）や塩化ナトリウムが用いられます。融雪剤は雪を溶かしてくれますが、融雪剤が熱を出して、雪を溶かすわけではありません。水が固体になる、つまり氷になる温度は通常0℃ですが、融雪剤はこの温度を低くすることで、0℃でも凍らないようにします。このように、固体になる温度（凝固点と言います）が下がる現象を凝固点降下と言います。ここまでの準備をすると、凝固点降下の仕組みを理解することはそれほど難しくありません。

　海の水が凍る時、その氷は塩味がするかどうか、という問題からまず考えてみます。実は氷になった結晶には塩分（主にNaCl）は含まれません。氷の結晶からはじき出された塩分はブラインと呼ばれる塩分の濃い水になって、真水でできた氷の結晶の間に液体のままで存在します。このことは一般的に成り立ちます。ある物質を溶かした水を凍らせると、その中で氷になるのは水だけということになります。シャーベットの中で透き通った氷のような部分を食べると、あまり甘くないのもこのことが原因です。

■凝固点降下をΔGで考える

　さて、図4-17では、純粋な水（液体）、ショ糖（普通の砂糖）の水溶液、そして水が凍った状態について比較しました。固体（氷）中では分子の動きはほとんどありません

$S_{水溶液}$ > $S_{液体}$ > $S_{固体}$

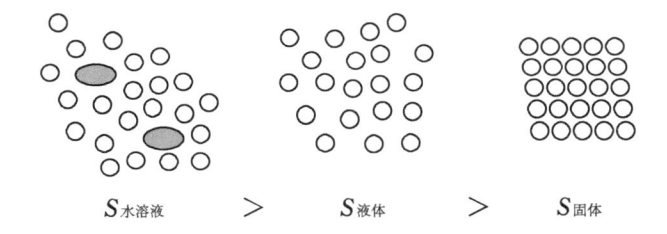

図4-17 液体、水溶液および固体中の水のエントロピーの比較
　　白い○は水分子、楕円はショ糖分子を示す。

から$S_{固体}$は最も小さくなります。ショ糖水溶液では、ショ糖分子の周りを水分子が囲み、その分エントロピーが減少しますが、ショ糖分子の濃度が十分低ければ、2種類の分子の混合による状態数増加の効果の方が遥かに大きくなるので、エントロピー$S_{水溶液}$は純粋な水のエントロピー$S_{液体}$より大きくなります。つまり、エントロピーの大きさの順は、$S_{水溶液}>S_{液体}>S_{固体}$となります。水などの液体に溶けた他の分子のことを溶質と言います。今の場合、ショ糖は溶質になります。

　図4-18の（a）は溶液ですが、これを冷却すると、その中の水だけが一部氷になり、（b）のような状態になります。（b）の状態では、溶液と固体が同時に存在しています（平衡状態になっている）ので、溶液から固体への変化に伴う自由エネルギーの変化はゼロになるはずです。もち

153

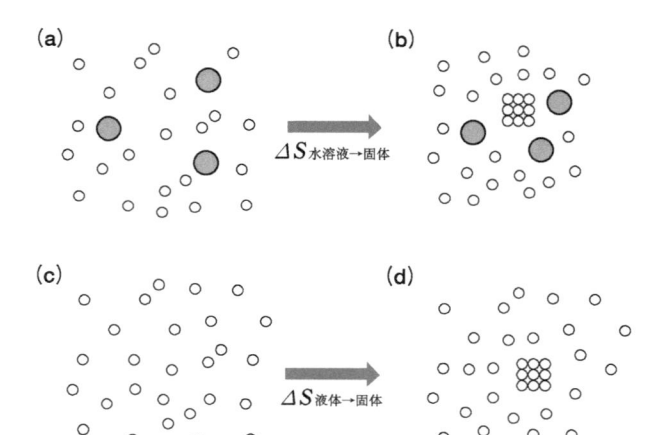

図 4-18 水溶液と純水の凍り方の違い

小さい〇は水分子、大きな●は溶質(ここではショ糖)分子を示す

ろん逆の変化である氷が溶けて水になる変化の自由エネルギーもゼロになります。前者について表せば、

$$\Delta G_{水溶液\to固体} = \Delta H_{水溶液\to固体} - (T_{水溶液\to固体})\Delta S_{水溶液\to固体} = 0$$

同様に、(d)のように純粋な水が氷と同時に存在する(平衡状態になっている)場合、

$$\Delta G_{液体\to固体} = \Delta H_{液体\to固体} - (T_{液体\to固体})\Delta S_{液体\to固体} = 0$$

となります。上式を書き直すと、

第4章　自由エネルギー

$$\Delta H_{水溶液 \to 固体} = (T_{水溶液 \to 固体}) \Delta S_{水溶液 \to 固体} \quad (4\text{-}9)$$

$$\Delta H_{液体 \to 固体} = (T_{液体 \to 固体}) \Delta S_{液体 \to 固体} \quad (4\text{-}10)$$

となりますが、溶液から水自身が固体になる、つまり凝固する時のエンタルピー変化と、純粋な水から氷ができるときのエンタルピー変化は同じと考えられますから、(4-9)と(4-10)は等しくなります。

$$(T_{水溶液 \to 固体}) \Delta S_{水溶液 \to 固体} = (T_{液体 \to 固体}) \Delta S_{液体 \to 固体}$$

この式を変形すると、

$$\frac{\Delta S_{液体 \to 固体}}{\Delta S_{水溶液 \to 固体}} = \frac{\Delta T_{水溶液 \to 固体}}{\Delta T_{液体 \to 固体}} \quad (4\text{-}11)$$

になります。$S_{水溶液} > S_{液体} > S_{固体}$という関係がありますから、

$$\frac{\Delta S_{液体 \to 固体}}{\Delta S_{水溶液 \to 固体}} < 1$$

になります。したがって、

$$\frac{\Delta T_{水溶液 \to 固体}}{\Delta T_{液体 \to 固体}} < 1$$

です。つまり

$$T_{水溶液 \to 固体} < T_{液体 \to 固体}$$

ということになり、純粋な水から氷ができる温度より、溶液から氷ができる温度の方が低下することが明らかになりました。海水が凍る温度は約$-2°C$ですが、これは海水に含まれる塩分などによります。以上のように凝固点降下

155

は、水に溶け込んだ溶質によるエントロピー効果です。その背景には、溶質がある時にも、まず水だけが凝固することがあります。

■エントロピーの変化が重要

　この節の話はまず融雪剤そして海水という塩味から始めましたが、途中からショ糖という甘い話に変わってしまいました。もう一度図4-18を見てみましょう。ショ糖は図4-19のような化学構造を持っているので、水に溶けても解離する（陽イオンと陰イオンに分かれる）ことはありません。したがって、ショ糖の分子は水溶液中で図4-18（a）のように表すことができます。

　ところが、食塩の時はどうでしょうか？　食塩（NaCl）は水溶液に入れるとNa^+とCl^-に分かれます。そうすると図4-20（b）のようになるはずであり、それを凍らせると（c）のようになるはずです。図4-18との大きな違いは、溶質の粒の数です。同じ1モルの量であっても、粒子の数がショ糖の場合の2倍になります。例えば、白い球の中に赤

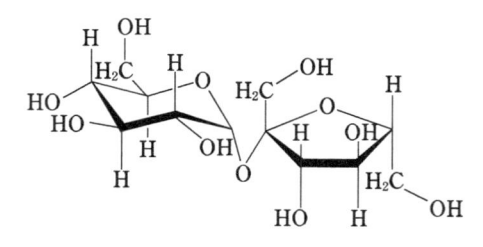

図4－19　ショ糖（スクロース）分子の化学構造

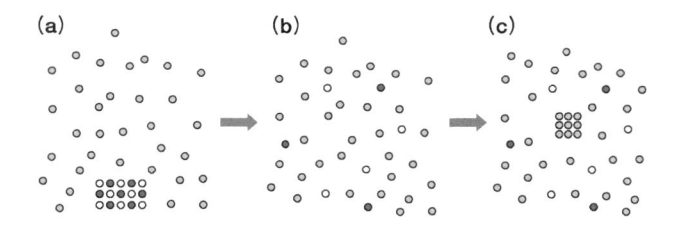

図 4-20　食塩水が凍る時
(a) 食塩は固体（結晶）。(b) 食塩が溶けて水溶液になる。食塩の結晶は Na^+ と Cl^- イオンになり、水に溶ける。(c) 食塩水が凍る。
イオンの周りに水分子が集合するが、図では簡単のために省略している

い球と黄色い球を混ぜることに相当します。エントロピーの考え方に慣れてきた読者はその効果の差が感覚的に分かると思います。NaClの水溶液の$S_{水溶液}$の方がショ糖の場合の値より、大きくなります。したがって、(4-11)式の左辺の絶対値（1より小さいのは当然ですが）は、ショ糖の場合より小さくなります。当然、NaCl水溶液の凝固点の下がり方は大きくなります。凝固点降下が、もっぱらエントロピーの効果によることを考えれば、この結論は不思議ではありません。

それでは、塩化カルシウムの場合はどうなるでしょうか？　塩化カルシウムは次式のように解離します。

$$CaCl_2 \rightarrow Ca^{2+} + 2Cl^-$$

解離すると、3個のイオンができます。したがって$S_{水溶液}$

の大きさはさらに大きくなり、したがって凝固点降下の程度も大きくなります。単純に考えると、ショ糖の凝固点降下より3倍の幅で温度が降下することになります。これは、より低温になっても水が凍らないということを意味しますから、$CaCl_2$はNaClより良い融雪剤になります。

　この節では、融雪剤がなぜ雪を溶かすのかを自由エネルギーで説明しました。エンタルピーの寄与は少ないと考えたので、エントロピーが重要な役割を演じました。説明の中でもかるく触れましたが、この議論はあくまで溶質の濃度があまり高くないところでよく合う議論です。溶質の濃度が高くなると、溶媒（この場合水ですが）との相互作用が大きくなるため、ここで述べた理想的な状況からはずれてきます。水の場合には、水素結合という水分子同士の強い引力があるために問題を難しくしています。逆に言うと、だからこそ水が関与した問題は興味深いのです。

■さらさらした液体の凝固点降下

　それでは、水素結合のような溶媒分子間の強い引力がない溶媒の場合には、凝固点降下という問題はどうなるのでしょうか？　シクロヘキサンは炭素原子と水素原子のみからなる分子で、広い意味で鉱物性油と言えます。おもな工業用途はナイロンの原料ですが、塗料などの溶媒にも使われます。シクロヘキサンは常温では液体で、さらさらした（感覚的な表現ですが）液体です。

　さらさらしているという表現からも推定されるように、分子同士はもっぱらファン・デル・ワールス力で集合して

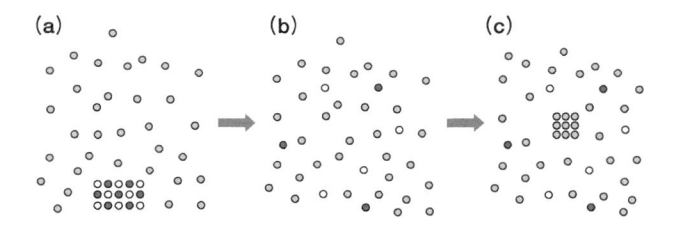

図4-20　食塩水が凍る時

(a) 食塩は固体（結晶）。(b) 食塩が溶けて水溶液になる。食塩の結晶は Na^+ と Cl^- イオンになり、水に溶ける。(c) 食塩水が凍る。
イオンの周りに水分子が集合するが、図では簡単のために省略している

い球と黄色い球を混ぜることに相当します。エントロピーの考え方に慣れてきた読者はその効果の差が感覚的に分かると思います。NaClの水溶液の$S_{水溶液}$の方がショ糖の場合の値より、大きくなります。したがって、(4-11)式の左辺の絶対値（1より小さいのは当然ですが）は、ショ糖の場合より小さくなります。当然、NaCl水溶液の凝固点の下がり方は大きくなります。凝固点降下が、もっぱらエントロピーの効果によることを考えれば、この結論は不思議ではありません。

それでは、塩化カルシウムの場合はどうなるでしょうか？　塩化カルシウムは次式のように解離します。

$$CaCl_2 \rightarrow Ca^{2+} + 2Cl^-$$

解離すると、3個のイオンができます。したがって$S_{水溶液}$

の大きさはさらに大きくなり、したがって凝固点降下の程度も大きくなります。単純に考えると、ショ糖の凝固点降下より3倍の幅で温度が降下することになります。これは、より低温になっても水が凍らないということを意味しますから、$CaCl_2$はNaClより良い融雪剤になります。

　この節では、融雪剤がなぜ雪を溶かすのかを自由エネルギーで説明しました。エンタルピーの寄与は少ないと考えたので、エントロピーが重要な役割を演じました。説明の中でもかるく触れましたが、この議論はあくまで溶質の濃度があまり高くないところでよく合う議論です。溶質の濃度が高くなると、溶媒（この場合水ですが）との相互作用が大きくなるため、ここで述べた理想的な状況からはずれてきます。水の場合には、水素結合という水分子同士の強い引力があるために問題を難しくしています。逆に言うと、だからこそ水が関与した問題は興味深いのです。

■さらさらした液体の凝固点降下

　それでは、水素結合のような溶媒分子間の強い引力がない溶媒の場合には、凝固点降下という問題はどうなるのでしょうか？　シクロヘキサンは炭素原子と水素原子のみからなる分子で、広い意味で鉱物性油と言えます。おもな工業用途はナイロンの原料ですが、塗料などの溶媒にも使われます。シクロヘキサンは常温では液体で、さらさらした（感覚的な表現ですが）液体です。

　さらさらしているという表現からも推定されるように、分子同士はもっぱらファン・デル・ワールス力で集合して

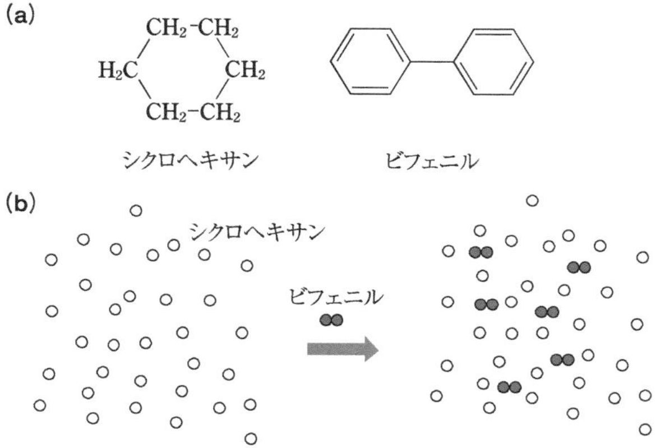

(a) シクロヘキサン　ビフェニル

(b) ビフェニルをシクロヘキサンに溶かす

図4-21　ビフェニルをシクロヘキサンに溶かす
(a) ビフェニルとシクロヘキサンの化学構造
(b) 溶解の様子

います。つまり分子同士の引力は、水の場合に比べて圧倒的に小さくなっています。したがって、シクロヘキサンに他の分子を溶かしても、シクロヘキサンはその分子の周りを積極的に取り囲むことはありません。図4-21にシクロヘキサンにビフェニルという分子を溶かした模式図を示します。

ビフェニルの周りをシクロヘキサンが常にぐるりと取り囲むことはなく、ビフェニルはシクロヘキサンの中に、ほぼ完全に混ざりあいます。もちろん、わずかなファン・デル・ワールス力で取り囲みますが……。ということは、白い球の集合に赤い球を混ぜるという、ある意味で理想的な混合が実現します。別の言い方をすると混合によるエント

ロピー増大をまともに受けるということになります。したがって、$S_{溶液}$の値は大きくなり、凝固点降下もずっと大きくなるはずです。実際にシクロヘキサンの凝固点降下は水の20倍ほどになります。この例から、エントロピーの効果は本来かなり大きなものであることが分かるでしょう。

溶質分子を液体に溶かすと凝固点降下が起こりますが、同じような現象に沸点上昇というものがあります。これは溶質を溶かすことにより、溶媒の沸点が上昇する現象です。例えば、水1kgにショ糖を1モル（342g）溶かすと、水の沸点は100.5℃程度まで上昇します。沸点上昇が起こる理由も凝固点降下の理由と同じで、エントロピーが効いています。

4-8 ゴムは熱で伸びるか？
■ΔGで考察すると

鉄道の線路に使っているレールの継ぎ目のところは、少し間隔が開いています。これは、夏場の気温でレールが伸びることを想定しているからです。熱膨張という言葉があるように、私たちの身近にある物はたいてい熱を加えると伸びます。温度が高くなると、私たちの気分も緩みます。それでは、図4-22のような実験を考えてみます。

輪ゴムの一端を固定します。そして他の端に、輪ゴムが5cmぐらい伸びるような重りを付けます。ペット・ボトルに水を入れたものでもよいでしょう。ゴムが伸びた状態にして、ゴムの部分をヘア・ドライヤーで暖めます。ゴムはさらにだらりと伸びるでしょうか？　それとも別の現象

が起こるでしょうか？　私たちの日常的な経験からは、輪ゴムはだらしなく伸びる気がします。ところが、輪ゴムの長さは短くなるのです！

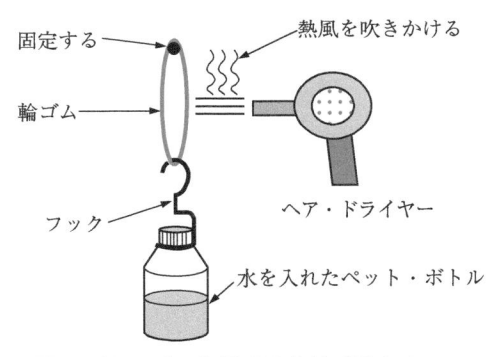

図 4 - 22　ゴムを温めると伸びるか？

(a) **イソプレン**

(b) ***cis*-1, 4-ポリイソプレン；中央の太字で示したのがイソプレン単位**

図 4 - 23　イソプレンとポリイソプレンの化学構造

その理由を、ΔGを使って考えてみましょう。天然ゴムの主成分は図4-23に示すポリイソプレン（b）です。ポリイソプレンはイソプレン（a）が重合したものです。重合とは、複数の単位分子が化学結合してつながることです。ポリイソプレンは長い線状の分子で、折れ曲がることができるため、柔軟性があります。1本の鎖当たりの炭素原子数は4000個から20000個もあり、かなり長い鎖ということができます。さて、ゴムが熱で短くなるという現象は、自発的に起こったわけですから、この事象の自由エネルギー変化はマイナスになるはずです。

$$\Delta G = \Delta H - T\Delta S < 0$$

またヘア・ドライヤーでエネルギー（熱）を与えるので、当然ゴムのエンタルピーは増加し$\Delta H > 0$になります。したがって、$\Delta G < 0$になるには、絶対に$\Delta S > 0$にならなくてはいけません。では、$\Delta S > 0$になるとはどういうことなのでしょうか？

図4-24にゴムの中のポリイソプレンを模式的に示しました。(a)のように、切れない程度にゴムが伸びた状態では、ポリイソプレンの分子は引っぱった方向に伸びて、直鎖の方向が揃います。この状態では、鎖が縦方向に並ぶことはないので、状態の数は少なくなります。つまりエントロピーは小さい状態になります。一方、ゴムが元に戻った状態では、(b)のようにポリイソプレン分子は折れ曲がることができるので、ある程度自由な構造を取ることができます。別の言い方をすると、引っぱったものを戻した時に

第4章　自由エネルギー

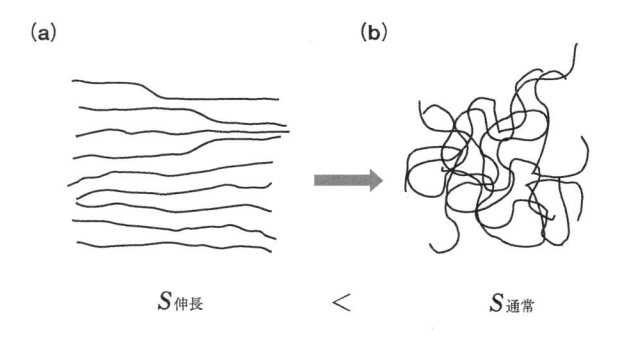

(a)　　　　　　　(b)

$S_{伸長}$　　　＜　　　$S_{通常}$

図4-24　ゴムの伸び縮み

取り得る状態の数がずっと多くなるので、この状態ではエントロピーは大きくなります。即ち、ゴムが通常の状態で持っているエントロピー $S_{通常}$ は、伸びた時のエントロピー $S_{伸長}$ よりずっと大きいのです。したがって伸びていたゴムが縮んで行く方向に「こと」が進むことを意味します。このエントロピーの差と重りが釣り合った状態で、ドライヤーから熱を供給されると、供給された熱エントロピーを使って、位置エントロピーを増大させます。このエントロピー増大の寄与は大きく、$T\varDelta S$ の絶対値が $\varDelta H$ より大きくなるため、縮むという「こと」が起こります。

　自由エネルギーの考えを使えば、あらゆる「こと」の説明が付きます。自由エネルギーで説明できない時には、何か「からくり」（場合によっては「だまし」）があると考えて良いのです。上の例とは異なる場合を考えてみましょう。熱を加えずゴムを引っ張ったら、どうなるかです。この過程では、$\varDelta S$ がマイナスになるので、$\varDelta G$ がマイナスにな

るためには、絶対にΔHはマイナスにならなければなりません。つまり、環境にエネルギー（熱）を吐き出さなければなりません。すなわちゴム自身の温度は上がることを意味します。

4-9　質の良いエネルギーと質の悪いエネルギー
■使いにくいエネルギーと使いやすいエネルギー

　私たち人間の活動のエネルギー源の1つは、グルコースという炭水化物です。私たちの体の中では、このグルコースを実際に燃やして、そのエネルギーを得ています。

　グルコース分子がたくさんつながってできた分子にセルロース（図4-25）という大きな分子があります。セルロースはほとんどの紙の成分です。紙に火を着けると燃え上がりますが、これはセルロースが、つまりグルコースが燃えることを意味します。1枚の紙であれば、さっと燃えて、あっという間に燃え尽きます。「マッチ売りの少女」が細々と暖を取ったマッチの軸の大部分もセルロースでできています。マッチを燃やすことで得られる熱エネルギー

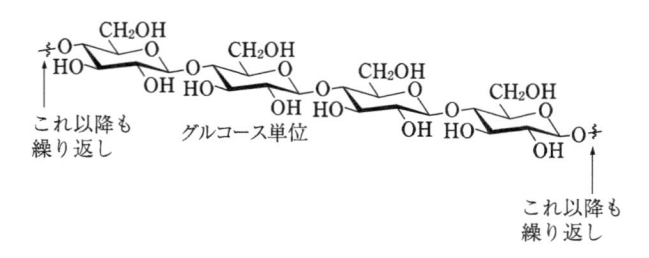

図4-25　セルロースの化学構造

は、少女の体を温めるよりずっと早く、雪の降る冷たい景色の中に吸い込まれていきました。マッチ自体がどんなに良質でも、それを燃やして得られる熱エネルギー（運動エネルギー）は少女の体を温める上では、決して質の良いエネルギーではありません。放出される燃焼熱のほんの一部しか少女の体を温めるのに寄与しないからです。

私たちの体内では、そのような無駄なエネルギーの使い方はしません。既に見てきたようにグルコース分子を酸素で酸化（燃焼）すると、(4-12)の反応が起こります。

$$C_6H_{12}O_6(s) + 6O_2(g) \rightarrow 6CO_2(g) + 6H_2O(l) \quad (4\text{-}12)$$

この時のΔHとΔSはそれぞれ、-2801kJ/molおよび259J/(K·mol)であり、ΔGは-2878kJ/molですから、きっかけさえ与えられるとこの反応は凄い勢いで右に進むことになります。そして大きな発熱を伴います。しかし、グルコース（実際にはセルロースですが）に火を着けて燃やしたなら、放出されるエネルギーは一瞬少女の冷たい手の平を温めますが、大部分は周囲の雪景色の中に吸い込まれてしまうでしょう。周囲に吸い込まれてしまったエネルギーの回収は、全く不可能です。

私たちの体内では、このエネルギーを大切に保管し、熱エネルギーとして無駄に消費することを極力抑えます。その役割をしているのが、ATP分子です。ATP分子は既に見てきたように、リン酸を3個も持つ分子ですが、エネルギーはこのリン酸の化学結合として蓄えられます。化学結合は作るのにエネルギーが必要ですが、いったん結合がで

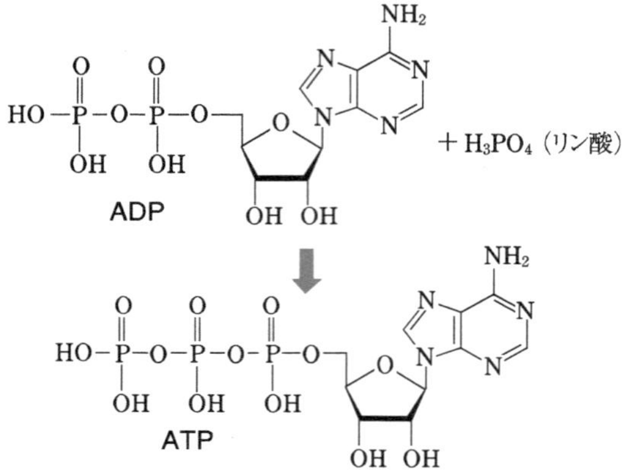

図 4-26　ADPとリン酸からATPを作る

きると、それが切断されるまで、結合のエネルギーは蓄えておくことができます。お金は、そのままだとすぐ使えるので、意志が弱いと「あっ」という間に財布の中にあったお札はなくなります。ところが、財産を仮に「金」に換えておくと、そのままの形では商品を買うことが通常はできないので、自然になくなることはありません。そして、必要な時にはその「金」を通貨（エネルギー）に換えることで、買い物ができます。ATPは通常ADP（図4-26）というリン酸の１つ少ない分子から体内で合成されます。その化学反応は（4-13）のようになります。

$$\begin{aligned}&\mathrm{ADP}^{3-}(aq) + \mathrm{HPO_3}^{2-}(aq) + \mathrm{H_3O}^{+}(aq) \\ &\rightarrow \mathrm{ATP}^{4-}(aq) + 2\mathrm{H_2O}(l)\end{aligned} \quad (4\text{-}13)$$

$\mathrm{HPO_3}^{2-}(aq)$ は無機リン酸の水溶液を表します。aq は水溶

液であることを示します。この反応が標準状態で起こる時の自由エネルギー変化ΔGは+31kJ/molです。つまり、それ自身では自発的には起こり難い反応と言えます。新しい結合を作る反応ですから、当然のことと言えます。このエネルギーをグルコースの酸化反応で得られるエネルギーで賄うのです。

2つの反応が同時に起こると、反応全体は（4-12）+（4-13）×36となるので、次のようになります。

$$C_6H_{12}O_6(s) + 6O_2(g) + 36ADP^{3-}(aq)$$
$$+ 36HPO_3^{2-}(aq) + 36H_3O^+(aq)$$
$$\rightarrow 6CO_2(g) + 78H_2O(l) + 36ATP^{4-}(aq) \quad (4\text{-}14)$$

この反応全体の収支であるΔGは

$$-2878 + 31 \times 36 = -1762 \text{kJ/mol}$$

になります。このΔGは負の符号を持つ絶対値の大きな量ですから、この反応は標準状態では自発的に進みます。このΔGは$T=298$Kの場合、

$$\Delta G = -T\Delta S$$

で求められるエントロピーに換算すると+5.9kJ/(K·mol)にも達します。この大きなエントロピーの増大により、（4-14）の反応は強力に推進します。この反応が進むことで、めでたくATP分子はどんどん作られます。そしてATPに蓄積された化学結合エネルギーを必要に応じて活用して化学反応を行い、生物は生きていくことができます。

しかし、忘れてはいけないことは、この過程も含め、全ての生体内の化学反応では、熱エントロピーが外界に放出されるということです。つまり生物が体を維持し、均衡の取れた状態（ホメオスタシス）を保つためには、常に外界への熱エントロピーの排出が必要です。即ち外界の秩序を壊しながら、生物は自分の秩序を維持しているわけです。

　質の良いエネルギーをいかに生み出すかは、エネルギー問題の大きな課題ですが、いかに質の良いエネルギーを得ても、それを使う時には、質の悪い（つまり再利用ができない）エネルギーを排出せざるを得ないというジレンマがあります。そしてこのジレンマは**絶対解決できない**ことを熱力学の法則は私たちに教えているのです。生物は非常に効率的にできていますが、生きること自身が本質的に環境に悪い影響を与えていることになります。私たちが現在直面している地球温暖化の問題は規模が大きく、速度が大きいので、非常に特殊な問題と考えられることが多いのですが、生物が地球で繁栄していけば、いずれは起こる問題と考えることもできます。

第 **5** 章
反応の方向を決める ──化学平衡

この章では、化学の時間に天下り的に覚えさせられたいくつかの化学法則について、エンタルピー、エントロピーおよび自由エネルギーを使って、その理由を考えてみます。

5-1 平衡定数
■ヨウ素と水素の反応
次の式のように、ヨウ素分子と水素分子は反応してヨウ化水素分子を作りますが、逆にヨウ化水素は分解してヨウ素分子と水素分子にもなります。

$$I_2 + H_2 \rightleftarrows 2HI$$

いま約700Kでこの反応を行った実験の結果を、表5-1に示します。種々の濃度のI_2とH_2を混合すると、生成するHIの濃度が異なります。この表ではI_2、H_2およびHIの濃度をそれぞれ $[I_2]$、$[H_2]$ および $[HI]$ と表しています。比率のところの欄に2種類の比率を示していますが、$[HI]^2/([H_2][I_2])$ の値がほぼ一定になっています。これに対して $[HI]/([H_2][I_2])$ はばらばらな値を取っています。前者の関係は重要です。

$$K = \frac{[HI]^2}{[H_2][I_2]}$$

Kが一定になるので、Kを平衡定数と呼びます。今問題にしている平衡反応のKが分かると、私たちはどれだけの原料を反応させると、どれだけの生成物ができるかを予想できます。この話をもう少し拡張して、次の反応を考えます。

$$aA + bB \rightleftarrows cC + dD$$

実験結果(mol/L)			比率	
$[H_2] \times 10^{-3}$	$[I_2] \times 10^{-3}$	$[HI] \times 10^{-3}$	$[HI]/([H_2][I_2])$	$[HI]^2/([H_2][I_2])$
1.8313	3.1292	17.671	3.08	54.5
2.907	1.7069	16.482	3.32	54.7
4.5647	0.7378	13.544	4.02	54.5
0.4789	0.4789	3.531	15.4	54.4
1.1409	1.1409	8.41	6.46	54.3

表5-1　H_2とI_2の混合実験（$T = 698.6$ K）

この反応は、aモルのA分子とbモルのB分子を反応させると、cモルのC分子とdモルのD分子ができるというもので、化学反応を一般化したものです。この反応についても平衡定数Kを考えることができますが、教科書では次のような式になっています。（　）は分子の圧力を表します。

$$K = \frac{(C)^c (D)^d}{(A)^a (B)^b} \quad (5\text{-}1)$$

HIの系から類推すれば、このような式になるらしいことはある程度理解できると思いますが、なぜこの式が成り立つのか、不思議だと思っている読者も多いと思います。つまり、なぜこの比は一定になるのかということです。

もともと科学は、実験を通して法則を発見してきました。実験から発見された多くの重要な法則が、当初その意味が分からないままで使われ、後からその理由が明らかにされるという歴史を持っています。したがって実験の中から何らかの規則性を見出すことは、大変重要です。しか

し、その法則の意味を理解することは、その法則を見出すことに劣らず重要なことです。この2つが上手に絡み合いながら科学が進歩することが望ましいと、私は思います。私たちの日常や人生でもそうではないでしょうか。全てを経験的に学ぼうとしても駄目だし、全てを理屈で理解しようとしても無理でしょう。それらを車の両輪のように回す必要があると思います。

■平衡定数をエントロピーで考える

そこで、これまでに学んだことから、(5-1) 式がどのように導かれるか、考えてみましょう。数学の難しい証明問題を解くわけではないので、安心して読み進んで下さい。自分の体験とも照らし合わせながら、以下の道筋を追ってみて下さい。

これまでも何度も繰り返しましたが、私たちが日常的に接するものは、たとえそれが人間であっても、自然です。そこで何度も遭遇することは、私たちにとっての法則であり、それを集大成したのが自然科学と言えます。逆に、そうした経験則に合わないことに遭ったら要注意です。

さて、第4章で見たNO_2とN_2O_4の系について再度取り上げます。次のような相互の変換が可能でした。

$$2NO_2(g) \rightleftarrows N_2O_4(g) \qquad (4\text{-}3)$$

また第4章では、物質系について着目した場合次のような関係がエントロピーについて成り立つことも確認しました。

第5章　反応の方向を決める——化学平衡

$$\Delta S_{正味} = \Delta S_{物質系} - \frac{\Delta H_{物質系}}{T} \qquad (4\text{-}2)$$

いままでは原則的に標準状態のみを扱って来ましたが、この章ではさらに一般の状態についても少し拡張してものを考えてみますので、標準状態と一般の状態を区別する必要があります。標準状態を表すために、SやHなどの右肩に小さな「°」を付けることが化学では習慣で、これまでもこの習慣に従ってきました。これに従うと、標準状態での（4-2）式は改めて次のように表されます。

$$\Delta S°_{正味} = \Delta S°_{物質系} - \frac{\Delta H°_{物質系}}{T}$$

ここで一般の状態で、上の式に相当する式は次のようになることを確認しておきましょう。ただ「°」を肩から取っただけです。

$$\Delta S_{正味} = \Delta S_{物質系} - \frac{\Delta H_{物質系}}{T}$$

第4章では、圧力を一定にして温度を変えた場合にNO_2からN_2O_4への変化が自発的に起こるかどうかを検討しました。表5-2には、温度が298Kで、圧力を変えた時に、NO_2とN_2O_4の分子の割合がどのように変わるのかを実験で調べた結果を示します。

ここで用いられる圧力単位Pa（パスカル）は天気予報などでお馴染みですが、具体的なイメージの摑みにくい単

圧力	10^4 Pa	10^5 Pa	10^6 Pa
NO_2	59	25	9
N_2O_4	41	75	91

表5-2　298KにおけるNO₂とN₂O₄の量の比率(%)

位の1つです。1平方メートルの面積に対して1Nの力(1kgの物体を1秒間に1m動かす(加速する)力)がかかる時、その圧力を1Paと表します。1リットル入りの牛乳パックの重さは約1kgで、パックの底の面積はおおよそ0.0049m²です。したがって、この牛乳パックの底にかかる圧力は約2000Paとなります。結構な圧力の気もしますが、大気圧は101325Paもあります。100単位で表すと1013hPa(ヘクトパスカル)になります。牛乳パックの圧力が20hPaですから、私たちの体には常に1平方メートル当たり50本分の牛乳パックが載っている勘定になります。もちろん、体の中からも同じ圧力で押し返しているので、圧力は感じません。表5-2の中央の圧力がほぼ大気圧で、右側が大気圧の10倍、左側が10分の1の圧力ということになります。

■エントロピーと気体定数Rの関係

問題は牛乳パックではなく、NO₂とN₂O₄でした。圧力がこのように10倍も違うと、標準状態とは大分状況が変わってきますので、標準状態での扱いを少し修正する必要が出てきます。そこで、温度を一定に保ちながら、圧力を

標準状態（1気圧＝1013hPa）から変化させる時に、どの程度エンタルピーとエントロピーが変化するかをまず求めてみましょう。つまり、付表1の値をどの程度修正しなくてはいけないかです。今の場合、NO_2もN_2O_4も気体ですから、

$$気体(P°, T) \rightarrow 気体(P, T)$$

の変化に伴う$\Delta H(P)$および$\Delta S(P)$がどうなるかです。$P°$は標準状態での圧力（1気圧ですが）、Pは一般の圧力を示します。気体の分子運動のエネルギー（熱エネルギー）は基本的に温度によって決まりますので、温度が一定なら、圧力を変化させても大きな変化はありません。そこで、$\Delta H(P)=0$と考えて差し支えありません。つまり、圧力に関係なく、

$$\Delta H_{物質系} = \Delta H°_{物質系}$$

と考えて、ほぼ問題ないことになります。既に述べたように、N_2O_4になると、結合の数が増えるので、(4-3) の反応は発熱反応ということになります。

問題は、エントロピーの方です。気体は圧力をかけると縮みます。圧力を2倍にすると体積Vは単純に$\frac{1}{2}$になります。図5-1を見て下さい。(a) から (b) と圧力を2倍にすると、体積は$\frac{1}{2}$になります。これと共に、各気体分子が占めることが可能な空間も平均的に$\frac{1}{2}$になります。つまり体積が減少すると、その中で分子が取りうる状態の数もそれに比例して減少します。すなわち、圧力を増加すると、

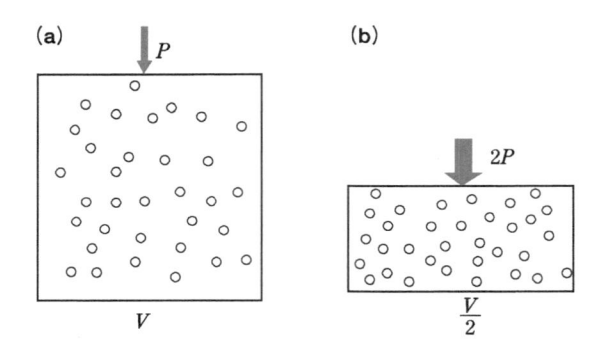

図5-1 圧力による気体の体積の変化

圧力に比例して分子の取りうる状態の数(W)が減ります。式で表すと、

$$W \propto \frac{1}{P} \propto V$$

ということになります。第3章で次の式を導きました。エントロピーは状態の数Wの関数になるということでした。

$$S = k \ln W \quad (3\text{-}2)$$

この式は、1個の分子について述べたものです。モル単位で考える方が実用的ですので、1モルの分子についての式に直します。モル単位に直すことは非常に簡単で、kに1モルの気体中にある分子数N（6.02×10^{23}）をかければ良いことになります。Nをアボガドロ数と言います。NkはさらにRという記号で表すのが化学では常識になっています。Rは普通、**気体定数**と呼ばれ、8.314J/(K·mol) という

値を持つ普遍定数の1つです。Rは1モルの気体分子が持つ運動エネルギーに相当します。このRを使うと、(3-2)は

$$S = R \ln W$$

と書き換えられます。そこでこの式を使って、$\Delta S(P)$ を求めると次式のようになります。

$$\Delta S(P) = R \ln W_V - R \ln W_{V°} = R \ln (W_V / W_{V°})$$
$$= R \ln (V/V°) = R \ln (P°/P)$$

ですから、ある圧力Pにおける気体が持つエントロピー $S_{気体}$ は、標準状態でのこの気体のエントロピーに圧力変化で変化した分のエントロピーを加えたものになります。

$$S_{気体} = S°_{気体} + \Delta S(P)$$
$$= S°_{気体} + R \ln (P°/P) = S°_{気体} - R \ln (P/P°)$$

この式の最後の項のカッコ内は圧力の単位には依存しません。いま$P° = 1$気圧にすると、式はすごく簡単になり、

$$S_{気体} = S°_{気体} - R \ln (P) \qquad (5\text{-}2)$$

となります。Pが1気圧より大きくなると（加圧されると）、エントロピーは減少し、Pが1気圧以下になると、エントロピーは増大することが分かります。図5-1で定性的に考えたことと合いますね。

■NO_2とN_2O_4のΔGを考えてみよう

 それでは、NO_2からN_2O_4への変化の問題に行きます。この変化に伴うエントロピーの変化$\Delta S_{反応}$は、N_2O_4とNO_2のエントロピーの差になります。混合気体の中のN_2O_4とNO_2の分圧を$P(N_2O_4)$と$P(NO_2)$とします。混合気体を単純に2つの気体が混じったものと考えれば、混合気体全体の圧力は

$$P = P(N_2O_4) + P(NO_2)$$

となります。気体同士が互いに強く影響し合わない場合には、この仮定は十分成り立ちます。強く影響し合うとは、それらの分子同士が引き合って塊になってしまうとか、化学反応をしてしまうことなどを意味します。ここでは、「さらっ」と混ざる場合を考えます。この仮定を「理想気体の仮定」と言います。ここで論じている程度の細かさを議論する場合には、たいていこの仮定は成立しています。NO_2からN_2O_4への変化に伴うエントロピー変化は(5-2)式を使って

$$\Delta S_{反応} = S(N_2O_4) - 2S(NO_2) = \{S°(N_2O_4) - R\ln(P(N_2O_4))\} \\ - 2\{S°(NO_2) - R\ln(P(NO_2))\} \quad (5\text{-}3)$$

となります。NO_2は2分子分になるので、(5-3)式の最初の右辺の$S(NO_2)$は2倍になります。この式の右辺の$S°(N_2O_4) - 2S°(NO_2)$は標準状態での2種の分子のエントロピー差を表すので、$\Delta S°_{反応}$と置くことができます。すると、(5-3)式は

$$\Delta S_{反応} = \Delta S°_{反応} - R\{\ln(P(N_2O_4)) - 2\ln(P(NO_2))\}$$
$$= \Delta S°_{反応} - R\{\ln(P(N_2O_4)) - \ln(P(NO_2))^2\}$$
$$= \Delta S°_{反応} - R\ln\{(P(N_2O_4))/(P(NO_2))^2\}$$

と変形できます。$2\log x = \log x^2$であることを思い出して下さい。少し面倒な気がするかも知れませんが、各段の内容は単純です。これで$\Delta S_{反応}$も求められましたので、この反応の自由エネルギー変化を求めることができます。

何度も出てきてもう覚えてしまったと思いますが、

$$\Delta G_{反応} = \Delta H_{反応} - T\Delta S_{反応}$$

です。$\Delta H_{反応}$は既に見てきたように$\Delta H°_{反応}$と考えて良いので、この式は次のようになります。

$$\Delta G_{反応} = \Delta H_{反応} - T\Delta S_{反応} = \Delta H°_{反応} - T\Delta S_{反応}$$
$$= \Delta H°_{反応} - T\Delta S°_{反応} + RT\ln\{(P(N_2O_4))/(P(NO_2))^2\}$$
$$= \Delta G°_{反応} + RT\ln\{(P(N_2O_4))/(P(NO_2))^2\} \quad (5\text{-}4)$$

この最後の式が重要になります。ここでの議論では、$2NO_2 \rightleftarrows N_2O_4$でしたが、これをもとにして、一気に次のような場合にどうなるかを類推してみましょう。

■自由エネルギーと気体定数の関係

$$a\mathrm{A} + b\mathrm{B} \rightleftarrows c\mathrm{C} + d\mathrm{D} \quad (5\text{-}5)$$

この反応は、aモルのA分子とbモルのB分子を反応させると、cモルのC分子とdモルのD分子ができるというもの

です。全ての分子が気体であるとすると、この反応の自由エネルギー変化は、(5-4)を基にすると、次のように類推できるでしょう。

$$\varDelta G_{反応} = \varDelta G°_{反応} + RT\ln\left\{\frac{(C)^c(D)^d}{(A)^a(B)^b}\right\} \qquad (5\text{-}6)$$

(A)、(B)、(C) および (D) は各分子の圧力を表すとします。ここでは証明しませんが、これは成立します。それだけでなく、(A)、(B)、(C) および (D) を各分子の濃度とした時も、(5-6) 式は成り立ちます。延々とやって来た話のここは言わば山場です。

(5-5) 式で左辺の分子の量と右辺の分子の量が変わらない状態は平衡状態です。すなわち反応が全く終止しているのではなく、**右に行く反応と左に行く反応がつりあってしまった状態**です。自由エネルギーの考え方から行けば、この時の**自由エネルギー変化は0**になるはずです。したがって、$\varDelta G_{反応}$は 0 になります。つまり

$$\varDelta G°_{反応} = -RT\ln\frac{(C)^c(D)^d}{(A)^a(B)^b}$$

になります。右辺のlnの中に注目します。これは既に述べた平衡定数Kと同じものです。つまりこの節のはじめで経験的に得た平衡定数Kは、自由エネルギーの変化に対応していたのです。自由エネルギーの大小で平衡定数が決まるのです。平衡定数K (5-1) を上の式に入れると、

$$\varDelta G°_{反応} = -RT\ln K \qquad (5\text{-}7)$$

という関係式が得られます。この式は、平衡定数と自由エ

ネルギーの関係を示す非常に重要な式です。この式は気体分子の反応だけに限定されるのでしょうか？　この本では示しませんが、この関係式は、全ての反応に基本的に適用できることが分かっています。

　実験から推定した平衡定数を表す（5-1）式は、自由エネルギーの考え方からも確かであることが分かりました。

5-2　自然界は「アマノジャク」か、それとも優しいのか？
■アマノジャクは自然法則の必然
「アマノジャク」とは、性質が素直でなく、ことごとく人の言うことに逆らう人のことを普通指します。皆が右に行こうと言うと、左に行くような性質を持った人です。

　昔々『12人の怒れる男』という映画がありました。ヘンリー・フォンダという、既に亡くなっている往年の名優が主演していました。これは、陪審員になったある市民の物語で、彼を除く全員がある被疑者に対して有罪の評決をします。その段階までに揃っている証拠からは、有罪を否定する材料はまったくないという状況でした。しかし、主人公は、あまりに皆が同意見になってしまうことに妙な不安感を持つのです。妙な不安感を解消するために、証拠の1つずつを確認していくのですが、立場を変えてみると、それまで磐石と思われていた事柄がちょうど遠目には本物に見える張りぼてのように、次々に不自然に見えてきます。主人公は他の陪審員の反対を受けながら、それらの証拠の信憑性を検証していきます。そして最後には、全員が

今度は無罪と思うようになっていくのです。これから日本でも裁判員制度が始まるので、まんざら古い話とばかりも言っていられないストーリーです。アメリカでは、既に50年以上も前に、裁判員（陪審員）に関するこのような根源的な問題を社会で考えていました。それが大勢の観客をひきつける映画になっていたのですから、すごい話です。

　ここでの話はもちろん、裁判の話ではありません。この映画の主人公は当初「アマノジャク」と思われたのですが、実はそうではなかったのです。

　このような「アマノジャク」が出現するのは、偶然ではなく、自然界の法則から見れば必然だと言えます。自然界では、温度が上がろうとすると、上がり過ぎないように、コントロールが働きます。ある生物が増えすぎると、集団自殺なども含め、その数をコントロールする力が働きます。自然界はいつでもアクセルとブレーキを操っています。

　人間が本当に賢ければ、この自然界の法則性の意味を理解した上での、アクセル操作とブレーキ操作ができるはずですが、人間もどうやら自然界の法則に埋没しているようで、自分達のやり過ぎを自然によってきつく制御（叱責）されるまで、気づくことはないのかも知れません。宗教、イデオロギーそして過去の習慣に左右されない厳正な自然科学の法則としての熱力学の法則が、いろいろと教えてくれているのですが、多くの人々がこの人類の英知のエッセンスを知る機会がないのは残念な気がします。先の映画の

第5章 反応の方向を決める——化学平衡

主人公は、アメリカ人の良心の表象として描かれているようですが、私には自然からの声のような気もします。

■ル・シャトリエの原理

自然界は、それが平衡状態にある時には、その状況を乱そうとする動きを抑止する働きをします。力学では有名な作用反作用の法則がありますが、それは化学では**ル・シャトリエの原理**として知られています。つまり、「可逆反応が平衡状態にあるとき、濃度、圧力、温度などの条件を変化させると、その変化を妨げる（元の状態に戻そうとする）方向に反応は進み、新しい平衡状態になる」という原理です。いろいろな「アマノジャク」ぶりをこの原理は示してくれます。まず5-1で学んだことの復習から始めてみましょう。

（5-6）式から次の式が成り立つことは、もう理解できると思います。

$$\Delta G_{反応} = \Delta G°_{反応} + RT \ln K \quad (5\text{-}8)$$

いま次のような可逆反応が、平衡状態にある場合を考えます。反応は平衡にあり、反応が起こっている容器の中の分子の濃度は一定になり、あたかも反応は停止したかのような状況です。

$$A + B \rightleftarrows C + D \quad (5\text{-}9)$$

この反応の平衡定数は次式で表されます。

$$K = \frac{[C][D]}{[A][B]}$$

いま、化合物が任意の濃度を持つ時の反応物と生成物の濃度比を、新たにQと表してみます。つまり

$$Q = \frac{[C][D]}{[A][B]}$$

です。さて、この平衡状態にある混合物にA分子を追加したら、どうなるでしょうか？　A分子の量が増えるのですから、[A]が大きくなります。即ちQ<Kということになり、$-RT\ln Q > -RT\ln K$になります。(5-8)の$\Delta G_{反応}$はゼロですから、$\Delta G°_{反応}(Q) > \Delta G°_{反応}(K)$となります。したがって、(5-9)の反応は右に進むことになります。この方向は、加えられたA分子を消費しようという方向です。つまり、平衡状態にAを加えるとAを消費する方向に反応は進むということです。では、Cを平衡状態に加えた場合にはどうでしょうか？　この場合は、Q>Kですから、$-RT\ln Q < -RT\ln K$です。したがって、(5-7)より$\Delta G°_{反応}(Q) < \Delta G°_{反応}(K)$になりますから、(5-9)の反応は右でなく、左に進むことになります。つまり、私たちの目からすると、Cを増加させると、Cを消費させようとする方向に反応は進むことになります。正にこれは「ル・シャトリエの原理」です。「アマノジャク」でも何でもなく、単に自由エネルギーが減少する方向に反応（こと）は進むという大原則に従っているだけです。

　図5-2に、次の反応に関する1つの実験結果を示します。

第5章　反応の方向を決める──化学平衡

$$H_2(g) + I_2(g) \rightleftarrows 2HI(g)$$

（a）という平衡状態が成立している時に、ここに反応物であるH_2をさらに1モル加えるとどうなるかです。加えた瞬間には容器中の各分子の濃度は（b）のようになります。しかし、少し放っておくと、（c）のような組成になります。つまり加えたH_2が減少し、HIを増加させる方向に、反応は進みます。この場合、正に先に述べたQとKの大小関係により、自由エネルギーの変化量が決まり、そして反応（こと）の進む方向が決まります。

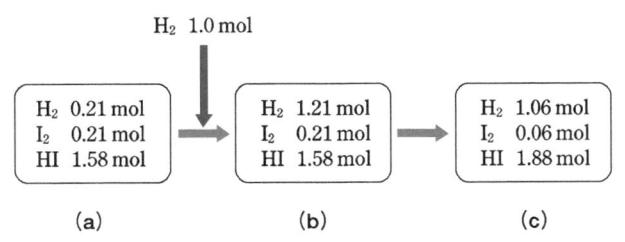

H_2　1.0 mol

(a)	(b)	(c)
H_2　0.21 mol I_2　0.21 mol HI　1.58 mol	H_2　1.21 mol I_2　0.21 mol HI　1.58 mol	H_2　1.06 mol I_2　0.06 mol HI　1.88 mol

図5-2　$H_2 + I_2$反応に見られるル・シャトリエの原理

■ハーバー法を進ませる

アンモニアを製造する方法にハーバー法があります。空気中のN_2と石油から得られるH_2を直接反応させる方法です。反応式は次のようになります。

$$N_2(g) + 3H_2(g) \rightleftarrows 2NH_3(g) \quad (5\text{-}10)$$

これまでの知識から、この反応が自発的に進むかどうかに

ついて幾つかの推測ができます。まずいくつか言えることは、反応が右に進むにしたがって分子の数が減るので、エントロピーの観点からは、この反応は自発的には右に進まないことが推察されます。結合生成エンタルピーについてはどうでしょうか？　単純に共有結合の数からいくと、反応式の左側が合計4本で、右側が6本ですから、全ての化学結合がほぼ同じ結合生成エンタルピーを持っていると大胆に仮定すると、結合生成エンタルピーの符号はマイナスになるので、反応は右方向に行くことが可能になります。付表2にある数字を用いて結合生成エンタルピーの概算をすると、$\Delta H = -107.4$ kJ/molとなり、反応が右に進むと確かに安定化することを示します。エントロピーとエンタルピーが示している自発的な反応の方向性が異なりますので、このままですと、どちらに反応が進むのか分かりません。つまりアンモニア分子ができるのか、逆にアンモニア分子が分解するかが分からないということです。

　それでは自由エネルギーで判断してみましょう。これまでの復習も兼ね、付表1を用いて、標準状態での自由エネルギー変化をまず求めてみます。(5-10) 式の各成分の標準生成エンタルピーと標準エントロピーを求めると、次のようになります。

	$\Delta H°$ (kJ/mol)	$S°$ (J/(K·mol))
N_2	0	191.61
$3H_2$	0	$130.68 \times 3 = 392.04$
$2NH_3$	$-46.11 \times 2 = -92.22$	$192.45 \times 2 = 384.9$

第5章　反応の方向を決める——化学平衡

したがって、この反応のエンタルピー変化$\Delta H=-92.22$kJ/molであり、エントロピー変化$\Delta S=-198.75$J/(K·mol)になります。ΔHの値とΔSの符号は、既に予測した通りです。

　ΔHの値が付表2の平均結合生成エンタルピーから求めたものと少し差があるのは、付表2の値は複数の異なる分子中の同じような共有結合についての平均値であるため、正確性にやや欠けるためです。したがって、後者の標準生成エンタルピーから求めた方がより正確な値ということになります。

　これらの値は標準状態でのものですから、これらから標準状態での自由エネルギー変化

$$\Delta G° = \Delta H° - T\Delta S° = -92.22 - 298(-0.199) = -33.0 \text{kJ/mol}$$

となります。したがって、(5-10)の反応の自由エネルギー変化は

$$\Delta G = \Delta G° + RT\ln K$$
$$= -33.0\text{kJ/mol} + RT\ln\frac{[\text{NH}_3]^2}{[\text{N}_2][\text{H}_2]^3} \quad (5\text{-}11)$$

となります。最後の式から、第2項が負であればΔGは常に負になるので、反応は文句なく自発的に進みます。第2項が負になるとは、原料のN_2とH_2の圧力が生成物NH_3の圧力より大きいことを意味します。つまり圧力を高くすると、本来エントロピーを減少するという、起こりにくい方向に反応は進み、反応全体の圧力は下がるように働きま

す。これは正に、「アマノジャク」効果とも言えます。

　それでは、温度の効果はどうでしょうか？

　この反応はΔHが負なので発熱反応ですから、アンモニアができるほど温度Tが上がります。そうすると、(5-11)の第2項の値が正の大きな量になります。ですからTがある限界を超えてしまうと、ΔGが0以上になってしまい反応は右に進まなくなります。そこで、右に進ませるには温度を下げる必要があります。

　これは別の角度から見ても、明らかです。温度が高くなりすぎると、アンモニア分子が衝突する頻度が高くなり、せっかくできたアンモニア分子同士が衝突して、元のN_2とH_2分子に戻ってしまいます。したがって、ある温度以下にしておくことが重要になります。低温にすると、「アマノジャク」な自然は発熱する方向に反応が進むというわけです。

　ただ、第6章で改めて述べるように、温度を下げると反応のスピードが落ちてしまいますので、ある決められた時間内に必要なアンモニアを作るにはある程度の高温にする必要があります。もちろん、(5-11)式でΔGが正の値をとってしまうと、反応は全く行かなくなりますから、実用的な点である妥協をしなくてはなりません。一般的には720～820K程度の温度で、200～1000気圧の圧力をかけます。このように、「アマノジャク」な性質を十分理解し、それを上手に手なずけてやれば、私たちの役に十分立ってくれるのです。

第5章 反応の方向を決める——化学平衡

■酸性・アルカリ性を自由エネルギーで理解する

次のトピックは緩衝液に関するもので、pHの概念に慣れていない読者には、ほんの少し難しいかも知れません。pHの苦手な読者は最初飛ばして読んで下さっても結構です。

さて、血液は私たちの体の中で非常に大切な役割をしているので、その性質を一定に保っておく必要があります。体液の恒常性は、健康維持に欠かすことのできない最重要事項の1つです。急病になり病院に入ると、必ず体液の組成を検査します。体液中にはいろいろな分子が含まれますが、多くの分子の量は一定に保たれています。中でも重要な値はpHです。

動脈血のpHは、ほぼ中性（7.38 ～ 7.41）に保たれています。工場の廃液などのpHもほぼ中性に保たれるようにされていますが、そのためには大規模な設備が必要です。私たちの体の中にはそんなに大げさな装置はなく、実は自然の「アマノジャク」な性質を上手に飼い慣らして、この調節を行っています。説明していきましょう。

酢酸はお酢の主成分です。酢酸の化学式はCH_3COOHですが、水の中では次のように、2つの成分に分かれています（解離）。

$$CH_3COOH + H_2O \rightleftarrows CH_3COO^- + H_3O^+ \quad (5\text{-}12)$$

H_3O^+は酢酸の酸性度（酸っぱさ）を決めるもので、簡単にH^+と表すことが多いのですが、正確にはこのようにH_3O^+という形をとっています。この反応も平衡反応で、

どれだけ右に行くかで酸性度が決まります。平衡定数は次のように表されます。

$$K = \frac{[\mathrm{CH_3COO^-}][\mathrm{H_3O^+}]}{[\mathrm{CH_3COOH}][\mathrm{H_2O}]} \qquad (5\text{-}13)$$

濃度の低い溶液は酢酸分子に比べて圧倒的に水分子の数が多いので、[$\mathrm{H_2O}$] は一定と考えても差し支えありません。Kもある条件では定数ですから、$K[\mathrm{H_2O}]$を合わせて別の平衡定数K_aとしても、大きな問題がありません。また [$\mathrm{H_3O^+}$] を簡単に [$\mathrm{H^+}$] と表してしまうと、(5-13) 式は

$$K_\mathrm{a} = \frac{[\mathrm{CH_3COO^-}][\mathrm{H^+}]}{[\mathrm{CH_3COOH}]}$$

となります。この式は、次のように書き換えることができます。

$$[\mathrm{H^+}] = K_\mathrm{a} \frac{[\mathrm{CH_3COOH}]}{[\mathrm{CH_3COO^-}]} \qquad (5\text{-}14)$$

一方、水も一種の酸と考えられ、次のように解離します。

$$\mathrm{H_2O} \rightleftarrows \mathrm{H^+} + \mathrm{OH^-}$$

ここでは最初から$\mathrm{H^+}$としましたが、もちろん正しくは$\mathrm{H_3O^+}$というイオンです。

さてこの反応の平衡定数は次のように表されます。

$$K = \frac{[\mathrm{H^+}][\mathrm{OH^-}]}{[\mathrm{H_2O}]}$$

この場合もイオンの濃度は非常に少ないので、それに対する水の量は、いつも一定と考えても差し支えなく、同様に

第5章 反応の方向を決める――化学平衡

$K_w = K[H_2O]$ として、

$$K_w = [H^+][OH^-]$$

と考えます。

普通の水は全然酸っぱくありません。実際に、$[H^+]$ の量は純水の中には非常に微量にしかありません。酢酸から $[H^+]$ が来ると、当然酸っぱくなります。酸からくる $[H^+]$ の量は多いので、この形で表すよりその対数で表した方が便利です。そこで、$[H^+]$ ではなく、その対数で関係付けられるpHを使います。

$$\mathrm{pH} = -\log[H^+] \quad (5\text{-}15)$$

pHの時には自然対数（ln）ではなく、10を底とする常用対数（log）を用います。

そこで、(5-15) 式の $[H^+]$ に (5-14) 式を代入して整理します。

$$\mathrm{pH} = -\log K_a + \log \frac{[CH_3COO^-]}{[CH_3COOH]}$$

$-\log K_a = pK$ とすると、さらに次式のように簡略化されます。

$$\mathrm{pH} = pK + \log \frac{[CH_3COO^-]}{[CH_3COOH]} \quad (5\text{-}16)$$

ここで、(5-12) の酸の解離を次式で一般化すると、(5-16) 式は (5-18) 式のようになります。

$$HA \rightleftarrows H^+ + A^- \qquad (5\text{-}17)$$

$$pH = pK + \log\frac{[A^-]}{[HA]} \qquad (5\text{-}18)$$

この式は血液内など私たちの体液の酸性度（pH）を知る上で非常に重要な関係です。

この式は

$$\Delta G_{反応} = \Delta G°_{反応} + RT\ln K \qquad (5\text{-}8)$$

に形式が似ていると思いませんか？　実際の意味合いも非常に似ています。pKはその酸HA固有の酸性度を表しており、pHはその酸を溶かした現在の水溶液の酸性度を表しています。[A^-] = [HA] の時、pH = pKになります。

　重要なことは、この水溶液に酸を加えると、(5-17) の平衡は左に寄り、その酸の影響を少なくするように働きます。一方、塩基（アルカリ）を加えるとこの平衡は右に進み、加えられた塩基の効果を薄めます。このような作用を**緩衝作用**と言います。

■自由エネルギーの弥次郎兵衛

　緩衝作用はこの節で見てきた、自然の「アマノジャク」性であるル・シャトリエの原理そのもので、この「アマノジャク」性によって私たちの血液の恒常性が保たれているのです。この (5-18) 式はヘンダーソン-ハッセルバルチ（Henderson-Hasselbalch）の式と呼ばれるもので、私たちの体液の問題を扱う場合や生物化学の実験を行う場合

第5章 反応の方向を決める——化学平衡

に、とても重要な関係式になります。ここでは詳しく触れませんが、この式の裏で左右のバランスを取っているのは自由エネルギーです。このように私たち生物の恒常性は、すべて自由エネルギーの弥次郎兵衛によってコントロールされているのです。

　生物の素晴らしいところは、環境に適応し、そして新しい可能性を広げていくところです。そしてその裏側には、平衡状態を保つための自由エネルギーによる優しいガイドがあります。それは悪い意味での「アマノジャク」ではなく、私たちを行き過ぎから常に見守ってくれるエンジェルのようなものです。私たちが、自由エネルギーというエンジェルが飛び回る領域にいる限り、少しくらいの行き過ぎや過ちも正してくれます。虚無的で、私たちに救いを与えないと思われた熱力学の法則は、実は私たちを暖かく見守ってくれるだけでなく、自力更生の機会を与えてくれます。免疫力を高め、自然治癒力で病気を治すということは、これら自由エネルギーのエンジェルのお蔭です。熱力学というと、すぐ「マクスウェルの悪魔」ばかりが這い出してきますが、私はその裏側にいる自由エネルギーのエンジェルにこちらを向かせたいと思います。

　しかし、エンジェルでさえ匙を投げる時があります。それは、行き過ぎてしまった場合です。エンジェルの小さな手では戻せる限界があります。一度平衡を失ったものの修復は非常に困難です。私たちの個人の問題であれば、ある範囲を超えてしまうと自力更生はできません。地球の問題も同じです。ある範囲を超えれば、平衡を取り戻すことは

193

できません。正に「覆水盆に返らず」です。

5-3 温度が平衡を動かす
■標準状態でない場合の反応

私たちは通常 1 気圧の中で生活しています。しかし、外気は東京でも氷点下数度から35℃位までの範囲に及びます。また私たちの体温は普通36℃程度ですから、標準状態からはずれています。そこで平衡が温度によってどの程度変わるのかを知っておくことは、意味があります。

まず、これまでに何度も出てきた次の 2 つの関係から始めます。

$$\Delta G°_{反応} = \Delta H°_{反応} - T\Delta S°_{反応}$$
$$\Delta G°_{反応} = -RT\ln K$$

この 2 つを合わせると、

$$-RT\ln K = \Delta H°_{反応} - T\Delta S°_{反応}$$

となります。両辺を $-RT$ で割って、少し整理すると、

$$\ln K = -\frac{\Delta H°_{反応}}{R} \cdot \frac{1}{T} + \frac{\Delta S°_{反応}}{R} \qquad (5\text{-}19)$$

になります。温度によって$\Delta H°_{反応}$と$\Delta S°_{反応}$の大きさは変わりますが、ここで考えている温度範囲程度では一定と見なしても大きな誤差が生じません。そこで、 2 つの温度T_1とT_2での (5-19) 式を書くと次の 2 つの式が得られます。

$$\ln K_1 = -\frac{\Delta H°_{反応}}{R} \cdot \frac{1}{T_1} + \frac{\Delta S°_{反応}}{R}$$

第5章　反応の方向を決める——化学平衡

$$\ln K_2 = -\frac{\Delta H°_{反応}}{R} \cdot \frac{1}{T_2} + \frac{\Delta S°_{反応}}{R}$$

2式の差を取ると、右辺第2項は相殺されるので、

$$\ln K_2 - \ln K_1 = -\frac{\Delta H°_{反応}}{R}\left(\frac{1}{T_2} - \frac{1}{T_1}\right)$$

少し整理すると、

$$\ln\frac{K_2}{K_1} = \frac{\Delta H°_{反応}}{R} \cdot \frac{T_2 - T_1}{T_2 T_1} \qquad (5\text{-}20)$$

となります。

　この式を使えば、標準状態の情報に基づいて、ある程度任意の温度での反応（こと）の起こり様を私たちは予測することができます。

■温度によって変わるpH

　具体的な例を見てみましょう。私たちは水が何も含んでいない場合、それは中性で、pHは7と考えますが、実はこれは25℃（298K）という温度の時のことです。私たちの体温である36℃では、そもそもpHは本質的にどの位になるのでしょうか？　この問題を解くためにまず必要なことがあります。水分子のごく一部は次のように解離します。(5-20) を使うには、標準状態でこの変化が起こる時のエンタルピー変化$\Delta H°$が分からなければいけません。

$$H_2O \rightleftarrows H^+ + OH^-$$

$\Delta H°$は既に実測されていて、55.8kJ/molです。また25℃での$K_w = 1.00 \times 10^{-14}$と分かっています。これが25℃でのpH

＝7の根拠です。これらの値を（5-20）式に入れればよいわけです。$T_1 = 298$ そして $T_2 = 309$ K です。

すると、

$$\ln \frac{K_2}{10^{-14}} = \frac{55800}{8.31} \cdot \frac{309-298}{309 \times 298} = 0.80$$
$$K_2 = 10^{-14} e^{0.80} = 2.23 \times 10^{-14}$$

$K_2 = [H^+][OH^-]$ ですが、真水の中では $[H^+] = [OH^-]$ ですので、$[H^+] = \sqrt{K_2} = 1.49 \times 10^{-7}$ になります。e は自然対数の底（$= 2.7182\cdots$）です。したがって pH $= -\log(1.49 \times 10^{-7}) = 7 - 0.17 = 6.83$ となります。つまり、温度が上がると pH は下がることが分かります。このように、（5-20）式が分かっていると、純水だけでなく、種々の溶液の体温での pH が求められます。

このように、反応（こと）が起こるかどうか、またどのような状況なら起こるか、だけでなく、どの程度の数字がそこで達成されるかまで、**自由エネルギーの考え方を使っていけば予測することが可能になります**。つまり定性的な話だけでなく、定量的な判断まで可能にしてくれます。本書の範囲を超えますので、これ以上細かいことは述べませんが、ここまで読み進んだ読者は、既に熱力学の基礎概念を習得しています。どんなに特殊な問題でも基本はこれまでの話と全く変わりません。

第 **6** 章
反応(こと)が起こるスピード

前章までは、「その『こと』は起こり得るかどうか、どういう条件なら起こるか」、を知るには**エネルギー、エントロピー**そして**自由エネルギー**というものに注目すればよいということをお話ししてきました。「起こり得るか、起こり得ないか」を知ることは、非常に重要なことです。しかし、その「起り得ること」が、地質学的な時間のスケールで起こるものか、それともほんの瞬きの間に起こり得るものなのか、を知ることも重要です。この章では、本書の締め括りとして、この問題を簡単に取り上げます。

6-1　試練の山越え
■反応が起きるためにどうしても越えなければならない山
　自由エネルギーが負になれば、その反応（こと）は進むはずです。5-1で見てきた例をもう一度復習します。水素分子（H_2）とヨウ素分子（I_2）を混合してヨウ化水素（HI）を作る反応です。何度も出てきた反応ですね。

$$H_2(g) + I_2(g) \rightleftarrows 2HI(g) \qquad (6\text{-}1)$$

この反応の各成分の標準状態における標準生成エンタルピーと標準エントロピーを求めてみます。付表1を使って、おさらいも含めて求めてみて下さい。

	$\Delta H°$(kJ/mol)	$S°$(J/(K·mol))
$H_2(g)$	0	130.68
$I_2(g)$	62.44	260.69
$2HI(g)$	26.48×2	206.59×2

第6章　反応（こと）が起こるスピード

$$= 52.96 \qquad\qquad = 413.18$$

したがって、(6-1) の反応のエンタルピー変化ΔHは-9.48kJ/molであり、エントロピー変化ΔSは21.81J/(K·mol)です。ですから、標準状態における自由エネルギー変化ΔGは

$$\Delta G = \Delta H - T\Delta S = -9.48 - 298 \times 0.0218 = -16.0 \text{kJ/mol}$$

となり、この反応は右に自発的に進むことが予測されます。発熱反応で、エントロピーも微量ながら増加していますので、正確なΔGを計算するまでもなく、この反応は標準状態では自発的に進むことが予測されます。

しかし、H_2とI_2を混ぜただけで、反応がするする進むわけではありません。

実は図6-1に示すように、反応物と生成物の間には**大きなエネルギーの山**があります。何か土壇場に来て裏切られた気がした読者には申し訳ありませんが、これまで反応は自発的に進むという表現はとりましたが、反応が「さらっと進む」とは言っていません。

H_2とI_2分子が分解するだけでは、反応は進まないのです。実際には、H_2とI_2分子は完全に原子に分かれてから反応するのではなく、図6-1のように、H_2とI_2分子が接近して向き合い、お互いの分子内の結合が緩む必要があります。このような状態を「**活性化状態**」と言います。実は、この状態にするには、もとのH_2とI_2分子が持つ結合生成エンタルピーだけではエネルギーが足りません。プロパン・

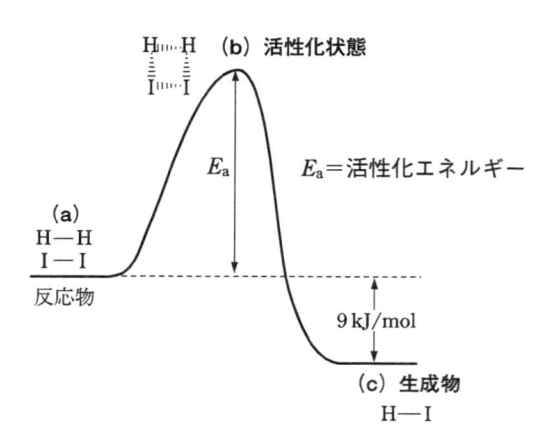

```
         H⋯H  (b) 活性化状態
         I⋯I
              ↑
              |
             $E_a$    $E_a$＝活性化エネルギー
              |
(a)           |
H—H           |
I—I           ↓
─ ─ ─ ─ ─ ─ ─ ─ ─ ─ ─ ─
反応物                9 kJ/mol
                        ↕
                     (c) 生成物
                       H—I
```

図6-1　反応の前に立ちはだかるエネルギーの山

ガスは燃えますが、ただガスを出しただけでは燃えることはありません。燃え出すには、まず何らかの形で火をつける必要があります。

これと全く同じことがH_2とI_2分子の反応だけでなく、多くの化学反応においても成立します。つまり反応を進めるには、このエネルギーの山をまず越さなければならないのです。別の言い方をすれば、この山を越すための弾みをつけなければいけません。弾みとは、結局エネルギーということになります。

この山（活性化状態）を越すのに必要な最低のエネルギーE_aのことを**活性化エネルギー**と言います。したがって、図6-1のように、$H_2＋I_2$とHIの間にある活性化エネルギーの山を乗り越える必要があります。この山が極めて高ければ、生成物のエネルギーが反応物のエネルギーよりど

んなに低くても（形式上は発熱反応になっても）、自由エネルギーが大きく負になることがあっても、反応は容易に進むことはありません。それでは、どのようにすればこの山を越えることができるのでしょうか？

■出会いを増やすために動き回れ

　図6-1の（b）のような状態にするには、まずH_2およびI_2分子が遭遇することが、必須です。出会いがなければ何も起こらないのです。したがって、出会うチャンスを増やすことがまず第一です。分子の世界ではインターネットで情報を得ることはできませんので、出会いの機会を増やすには、ひたすら動き回って相手の分子を探すしか方法はありません。もし相手を探す時間が限られていれば、なるべく速く動き回る必要があります。つまり分子の速度を増加させれば、山を越えるきっかけの出会いの機会が増えることになります。

　気体分子に限らず、分子の運動を激しくするには、反応物を含む容器に外部からエネルギーを供給することです。いちばん簡単な方法は、容器を加熱することです。気体の分子の速さは温度を高くすると激しくなります。何度もお話しして来ましたが、熱とは分子の運動です。熱という実体はありません。分子の運動が、熱として感じられるのです。

　最近はあまり使わなくなりましたが、体温を測るために、水銀の入った体温計というものを昔は使いました。体温が上がると、水銀柱が高くなり、その時の温度を示しま

す。この場合、水銀柱が上昇するのは、水銀の分子の運動が激しくなり、水銀の分子間の平均的な距離が大きくなるためです。平均的な分子間距離が広がることを、膨張と言います。分子運動による膨張を熱膨張と言います。さて、**表6-1**に298Kと1273Kの2つの温度における気体分子の平均の速さを示しました。いずれの分子も温度が上がると、速さが速くなります。つまり反応系にエネルギーを与えると分子の速さを上げることができます。温度を上げると、分子の速さが大きくなり、この場合、I_2とH_2が遭遇するチャンスは増えます。

分子のスピードが上がると、めでたく反応すべき分子同士は遭遇する頻度が増えることになりますが、遭遇した時に2つの分子は図6-1の山を乗り越えなくてはなりません。もし乗り越えることができなければ、H_2はH_2、I_2はI_2に戻らなければなりません。事の大小を問わず、何かを変える時には、活性化エネルギーのようなエネルギーは絶対に必要です。私たちの人生においても少なからず経験することで、よく人生の試練などという言葉で表現されますが、別に人間に限ったことではありません。自然界でも正にそのことがむしろ当然のこととして行われているのです。世の中に、山を越さずに成就できることはないのです。

幸い、分子のスピードが上がることは、その分子のエネルギーが増加することも意味します。分子の重さをm、そのスピードをvとすると、運動エネルギーは$\frac{1}{2}mv^2$と表されることは、既に見てきたことです。スピードの2乗に比

分子	298 K	1273 K
H_2	1920	3969
He	1363	2816
H_2O	642	1327
N_2	515	1065
O_2	482	996
CO_2	411	850
HI	241	498

表6-1　気体分子の平均の速さ（m/sec）

例して運動エネルギーは増加します。したがって、分子のスピードが増すと、運動エネルギーもずっと大きくなり、分子の持っているエネルギーが図6-1の山の高さ（エネルギー障壁）を越えるほどになると、反応は右側の谷に向かって一気に進むことになります。温度を上げると、分子同士が遭遇する機会が増えるだけでなく、山を越えるためのエネルギーも得られるという一挙両得の嬉しい話です。

　反応を進めるには、いつでも必ず越えるべき山があります。しかし、分子に十分なエネルギーを与え、衝突するチャンスを作れば、反応は進みます。もちろん、進むべきでない、つまり自由エネルギーが負にならない方向への反応は、どんなに頑張っても進みません。

6-2　分子の世界も不平等
■分子の中のエネルギー格差——ボルツマン分布

　ここで少し横道にそれることにします。表6-1では、2つの温度における分子の平均スピードを示しました。なぜ平均としたかを考えてみることにします。最近、格差社会という言葉が流行です。多くの場合、これは悪いことだという意味で使われますが、その裏には皆は原則として平等であるべきであるという考えがあります。しかし現実として平等でないのは社会の仕組みに何らかの問題があるからだ、というのが一般論のようです。

　分子の世界には人間のやる政治はありません。議員もいなければ、大臣もいません。それでは全員（全分子）は本当に平等でしょうか？　どのH_2分子も皆、基本的にH_2分子であることには変わりません。分子の持っているエネルギーは、人間の社会でいけばお金ということになります。何の政治的な意図も、特異な社会制度もない分子の世界では、皆の所得（エネルギー）は平等でしょうか？

　ある温度において、分子が持つエネルギーの量を調べてみましょう。もし全ての分子が平等なら、全原子のエネルギーが等しい図6-2のようになるはずです。横軸はエネルギー、縦軸はそのエネルギーを持つ分子の数です。ところが実際に調べてみると、図6-3のようになります。仮に温度が300Kであっても、とてつもなく大きなエネルギーを持つ分子が、ごく僅かですがいます。一方、300Kというと結構暑く感じる温度ですが、この温度ですらエネルギーをほとんど持たない、つまり涼しい顔をした分子が少なか

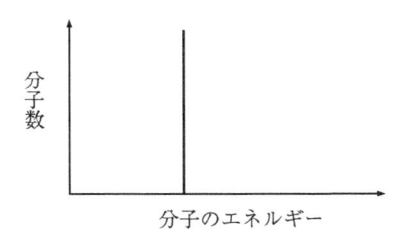

図6-2　分子のエネルギー分布。もし全ての分子が平等なら……

らずいます。どうでもよい議論で、むきになって熱くなる人が時々いますが、一方で皆が白熱の議論をしているのに、我関せずと議論に乗って来ないクールな人もいます。この曲線の下の部分の面積が全分子の数に相当します。

　大半の分子は、最高のエネルギーを持つ分子より、むしろ全くエネルギーを持たない分子に近いエネルギーしか持

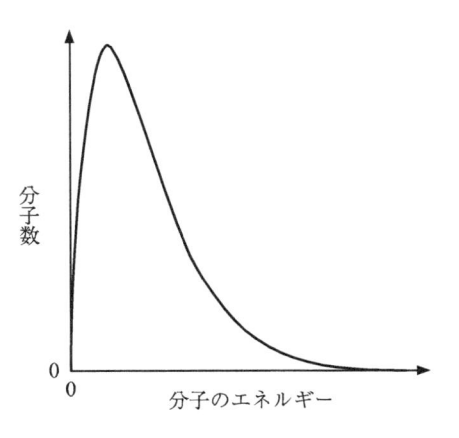

図6-3　300Kでの分子のエネルギー分布

ちません。つまり、この曲線ではかなり左寄りにピークがあり、左側が急峻な形をしています。一方、右側に大きく裾を引いていることもこの曲線の大きな特徴です。すべて平等であるはずの分子のエネルギーは、何も手を加えなくても自然にこのような分布を取るのです。法の下では平等であるという社会の建て前とは裏腹に、人間社会には事実上の格差が存在しますが、分子の世界にも厳然たる事実として格差が存在することをこの分布は示します。この分布のことを**マクスウェル-ボルツマン**（Maxwell-Boltzmann）**分布**と言います。マクスウェルには悪いのですが、単に**ボルツマン分布**ということもあります。

　温度を上げたらこの分布はどのように変わるでしょうか？　図6-4に温度を図6-3よりさらに50K上げた、350Kの分布も示しました。同じ数の分子について考えていますから、300Kの曲線下の面積と、350Kの曲線下の面積は等しくなります。温度が高くなると、エネルギーの高い分子の数は増加します。一方エネルギーの低い分子の数も若干減少します。

　温度を上げるということは、各分子の自由度を上げるということです。特徴的なことは、温度を上げると曲線全体の山が低くなり、右側の裾野が膨らむということです。規制緩和などにより自由度を上げると、経済は活発になり、富裕層が増えることと似ています。しかし決して平等になっていくわけではありません。山が低くなることから、中間層の数はむしろ相対的に減ることにもなります。正に格差の広がりが出ます。

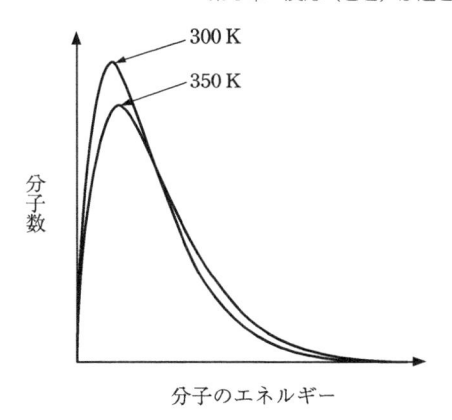

図6-4 温度によって変わるボルツマン分布

　この２つの曲線で特筆すべきことは、温度が低くても、エネルギーの大きな分子が必ずいくぶんか存在しているということです。また温度が高くなると、そうした富裕層の割合が増えるということです。

■なぜ格差が生まれるのか

　それでは、なぜ分子は皆等しいエネルギーをとらないのでしょうか？　自然界には階級制度も変な政治力学もないはずです。それなのに、なぜ格差が生じるのでしょうか？

　外部からエネルギーを分子が吸収すると、その一部は分子の運動エネルギーに変わります。この運動が温度であることは既に何度も述べてきた通りです。仮に全ての分子が最初に同じ運動エネルギーを得たとします。先に述べたように日常的な温度でも分子はかなりのスピードで運動して

いますから、よほど希薄な（例えば宇宙空間や超高真空などの）環境でもない限り、分子同士の衝突はかなりの頻度で起こります。図6-5に示すように、例えばある分子が同方向を走って来た分子に追突されると、追突された分子のスピードは上がります。もちろんその逆に、衝突後にスピードが減少する場合もあります。このような衝突を1秒間に膨大な回数行います。その結果がマクスウェル-ボルツマン分布になるのです。

人間の社会と異なり、代々親の遺産を引き継ぎお金持ちになるということはありませんが、ある環境を与えられると、その環境（例えば標準状態）に応じて異なるエネルギーを持つ分子の数が必然的に決まります。つまり膨大な数の分子の膨大な回数の衝突により、このような分布が生まれます。

衝突を相互作用という言葉で置き換えると、膨大な相互作用の結果がこの分布になると言えます。分子の世界で

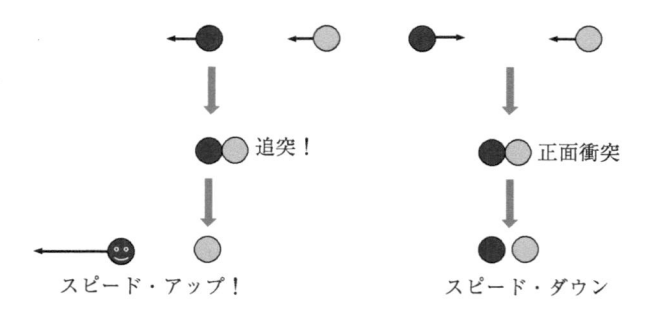

図6-5 分子同士の相互作用（またはぶつかり合い）

は、もともと膨大な数の分子や原子が相互作用をしていますから、こうした分布が簡単に実現しています。逆に言えば、相互作用がなければ、この分布は生じないということです。

　このことは重要なことです。皆を平等にするためには、全員を隔離する必要があります。お互いが触れ合えば、必ず優劣（この場合エネルギー差）がつきます。そしてその優劣の付き方は決まってしまいます。分子の世界は比較的単純で、エネルギーを決める要素はそれほど複雑ではありませんが、人間の世界における相互作用には複雑な要素が絡みます。相互作用の種類が増えれば増えるほど、マクスウェル-ボルツマン分布に早く近づきます。人間の社会では、構成員の数が比較的少なくても、自然と格差が生じます。交通手段や情報の流れの迅速化は、分子の世界で言えば分子の動きのスピード・アップ（温度の上昇）に相当しますので、相互作用は劇的に増加し、格差は益々広がることになります。特に最も多くの人が分布する辺りでの曲線の高さはむしろ下がり、中間層の不満は高くなります。マクスウェル-ボルツマン分布から考えれば、これも自然なことと言えるのです。

■温度が分布の鍵を握る

　図6-6にはマクスウェル-ボルツマン分布を別の形で表しました。横軸は今までのグラフと同じでエネルギーを表しますが、縦軸は少し変わった値、「特定のエネルギー以上の分子の割合」を示します。すべての分子のエネルギーは

0以上ですから、エネルギーが0のところで縦軸は1になります。この図では、E_aというエネルギー以上の分子の割合を2つの温度について比較しています。

この図からも明らかなように、温度が高い方が、高いエネルギーを持った分子の割合が増加します。これは直感的にも不思議ではないことです。その増加の仕方には興味深いものがあります。E_bの所では、300Kでの割合は350Kでの割合の80％程度ですが、E_aの所ではほぼ50％になります。つまり温度が上がると特に高いエネルギーを持った分子の割合が急に増えることを意味します。すでに述べたように、規制緩和が進む、あるいは自由度が増すと高額所得者の増加の割合は急に高くなることを示唆します。この関係を数式で表したものがボルツマン式というもので、次式で表されます。

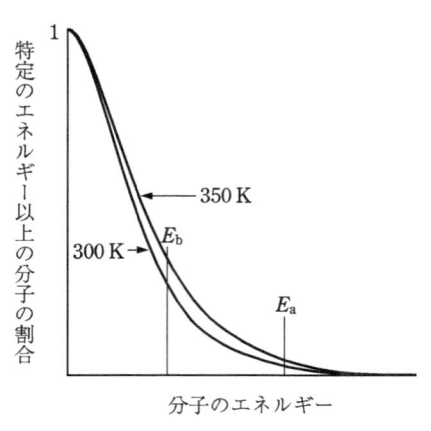

図6-6　高いエネルギーを持つ分子の割合

第6章　反応（こと）が起こるスピード

$$\text{エネルギーが}E\text{以上の分子の割合}=e^{-\frac{E}{RT}} \quad (6\text{-}2)$$

　Tは絶対温度（K）、Rはすでに5-1で出てきた気体定数です。この式は、比較的簡単に導き出すことができますが、本書の範囲をいささか超えますのでここではその導出は省略します。

■ボルツマン分布と正規分布

　ボルツマン式は分子のエネルギーを考える上で重要な式ですが、その意味するところは、再三お話ししたように、私たちの日常的な常識や経験とも非常によく合うものです。私たちが科学を学ぶ理由にはいくつかありますが、現実には科学の知識を技術に応用するというプロフェッショナルな仕事を行う人は多くありません。ですから、科学を学ぶ最も大きな理由は、このような「自然科学の法則の意味することを理解する」ことだと、少なくとも私は思っています。

　この法則は、特定のイデオロギーも宗教も、そして政治も関わりがない、厳然たる真実です。これらの法則については、信じるべきか、そうでないかということは実際上あり得ません。また多くの宗教が神という概念を崇拝しているにもかかわらず、現実的にはその宗教の特定の伝道者を信奉しています。したがって同じ宗教でありながら、異なる宗派がたくさんでき、宗派間の対立を生みます。そこに大きな不幸の種があると思います。

　科学者はボルツマン式を珍重しますが、それを見出した

ボルツマン自身を信奉するわけではありません(もっともボルツマンは人間的にも魅力はありますが……)。発見者や提唱者を尊敬し、ある意味で崇拝することはあっても、最も重要なことはその式であり、その意味です。

　ニュートンにしてもアインシュタインにしても全く同じです。一部の宗教家やイデオロギーの始祖は、彼ら自身を絶対真理のように扱い、その批判を許そうとはしません。しかし、科学者は本来そうではありません。批判を自由に行います。しかし、それはその学説を唱えた人物の人格を攻撃することではありません。あくまで、自然の真理をどちらの説がより正しく表現しているか、どちらが論理的か、ということで複数の説を比較します。

　もっとも、科学者も人の子ですから、歳を取ると頑迷になり、なかなか自説を変えることができなくなることも少なくありません。晩年の科学者が自分の分野の新説を容易に受け入れないということはよくあることですが、これは科学者に限ったことではありません。

　現代人は、科学を単なる生活改善のための道具に使っていますが、科学は哲学であり、本来生きるための指針を与える思想であると、少なくとも私は考えます。科学的という言葉は、人間的という言葉の対極としてよく使われますが、それは大きな間違いだと私は思っています。人間的という言葉は科学的という言葉に含まれるものであり、人間的に生きることはそれ以前にまず科学的に生きていることを意味します。人間的という行動は、科学的なルールに従っていなければ成り立ち得ないということです。マクスウ

ェル-ボルツマン分布は、私たちが犯すことのできないルールによって支配されています。しかし、それを受け入れることによって、私たちは最も有意義な生き方を見出すことができるのではないでしょうか。

大学入試などですっかり御馴染みになった偏差値というものの考え方があります。多くの生徒にある試験を行うと、その成績は図6-7のような分布をとると考えられています。横軸はその試験の成績で縦軸はその成績を取った生徒の人数です。このグラフで代表的される分布を正規分布と言います。このグラフの1つの特徴は中心に対して左右対称になるということであり、実は得点がこのような分布を取る時に初めて偏差値は意味を持ちます。

このグラフと図6-3のグラフは良く似ていますが、マクスウェル-ボルツマン分布は極端に非対称です。正規分布を考える場合の大前提は、不思議な話ですが、生徒同士の相互作用が全くない、という仮定です。逆に、お互い意思

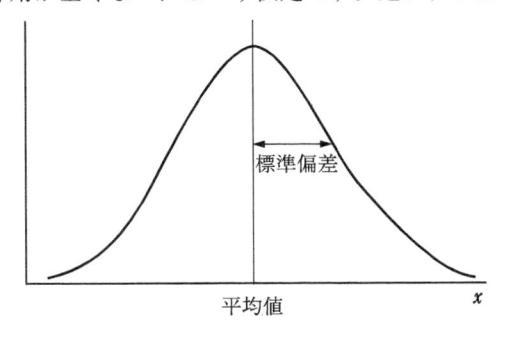

図6-7 正規分布

疎通ができないH_2分子を考える時には、分子間の相互作用を示すマクスウェル-ボルツマン分布を私たちは考えるわけです。特に、このことが間違いということではないのですが、この2つの似て非なる分布の裏側にある「相互作用の有無」を考えると不思議な気になるのは私だけでしょうか？

6-3　難局を切り抜ける勇士たち
■ひとたび山を越せば

図6-1を少しだけ一般化したものを、図6-8に示します。A_2分子とB_2分子を反応させて、2AB分子を作る反応です。既に述べたようにA_2分子とB_2分子が固まりになった活性化状態を通らないと反応が進みません。このような状態を作るためには少なくとも活性化エネルギーE_aをA_2+B_2の状態に与えなければなりません。このエネルギーの山を通らない限り、向こう側には到達できません。

分子が持っているエネルギーは温度によって変わります。図6-6のボルツマン分布が示すように、E_aのエネルギーは通常の温度で分子が持っている平均的なエネルギーよりずっと高いため、通常の温度でそのようなエネルギーを持っている分子の数は非常に少ないのが普通です。興味深いのは、かなり温度が低くても、E_aを越えるエネルギーを持つ分子が必ずいるという事実です。掃き溜めに鶴、というと表現は悪いのですが、どんな状況下においても誠を貫くことのできる人はいるものです。しかし、少数の勇士が山を越えても、反応の目的を達することはできません。

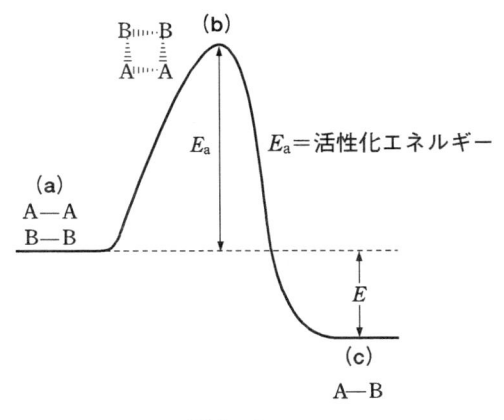

第6章　反応（こと）が起こるスピード

(a) の位置: A—A, B—B
(b) の位置（頂上）: B⋯⋯B / A⋯⋯A
E_a ＝ 活性化エネルギー
(c) の位置: A—B
右側に E

図6-8

　ところがこの場合、例えば温度が50K上昇するとE_a以上のエネルギーを持つ分子の割合は一挙に2倍になります。この2倍の勇士が果敢にもこの山を越えることができると、図6-8の右側の安定な生成物の状態に一気に到達することができます。つまり温度を上げれば（エネルギーを与えれば）、山は越えられるということです。バスでも山岳料金という設定があり、山を登るには少し余分の料金がかかります。しかしお金さえ払えば、何とかなります。

　さて、2ABの結合生成エンタルピーは$A_2 + B_2$の結合生成エンタルピーより低いので、余ったエンタルピーつまりエネルギーは例によって主に分子の運動エネルギー変わります。すなわち、生成物ができると同時にΔHに相当する熱を吐き出すことになります。この熱エネルギーはまだ反応していない$A_2 + B_2$分子の運動エネルギー即ち温度を上

215

げることができ、系の温度はさらに上がります。勇士たちの成功に、エネルギー不足だった残りの連中も触発されるのです。そして、E_aを越えるエネルギーを持つ分子の数が増加し、彼らはさらに山を越え、そして発熱します。その結果、反応はどんどん右側に向かって進むようになります。これは正に革命のようなもので、少数であっても、ある数の人間が一定の閾値を越えたエネルギーを持つと、一気に体制が変化（化学反応）します。この革命のような反応が私たちの体の中ではいつでも起こっているのです。

■ピリジンとヨウ化メチルの例

　抽象的な話ばかりでは……、という方のために1つ実際の反応例を見てみましょう。ピリジンとヨウ化メチルの反応で、N-メチルピリジニウム・カチオン（陽イオン）とヨウ化物イオン（陰イオン）を作る反応です。この反応のエネルギー図を図6-9に示します。この反応はアセトンのような有機溶媒中で起こります（気体同士の反応ではありません）が、これまでの議論は全く同様に成り立ちます。

　この反応のE_aは58kJ/molで、ΔHは－98kJ/molとなります。ΔHの値から、この反応は発熱反応であることが分かります。活性化状態を生じることのできる十分なエネルギーE_aが与えられると、反応は一気に右側の急斜面を落下して、生成物を与え、余剰の結合生成エンタルピーを放出します。放出されたエネルギーは周囲の分子の運動エネルギーにすぐさま変えられ、反応系を加熱することに使われます。E_aとΔHの大きさから推定して、いったん反応が進

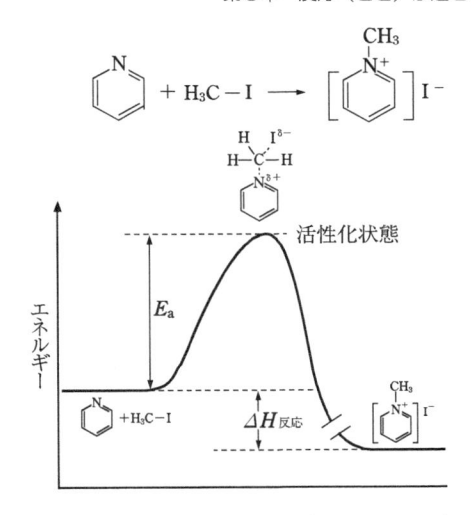

第6章 反応(こと)が起こるスピード

図6-9 ピリジンとヨウ化メチルの反応

むとどんどん右に進むことが予測できます。このように、E_a さえ十分に与えることができれば、結合生成エンタルピーが大きいので、自由エネルギーが減少する方向への反応は、どんどん進みます。

6-4 不可能を可能にするマジック
■山を下げる触媒

時に図6-8の E_a が大き過ぎ、その急峻な山が通常の加熱では乗り越えられないことがあります。また私たちの体の中で起こる反応の場合、むやみに体温を上げて反応を進めるわけにも行きません。次の反応を考えてみます。

217

$$2H_2O_2(aq) \rightarrow 2H_2O(l) + O_2(g) \qquad (6\text{-}3)$$

過酸化水素水から水と酸素ガスを作る反応です。付表１を用いてこの反応（こと）の自由エネルギー変化を求めてみましょう。

	$\Delta H°$(kJ/mol)	$S°$(J/(K·mol))
$2H_2O_2(aq)$	-191.17×2 $= -382.34$	143.9×2 $= 287.8$
$2H_2O(l)$	-285.83×2 $= -571.66$	69.91×2 $= 139.82$
$O_2(g)$	0	205.14

したがって、$\Delta H_{反応} = -189.32$kJ/molで、$\Delta S_{反応} = +57.16$J/(K·mol) です。この反応は発熱反応であり、エントロピーも増大します。自由エネルギー変化も標準状態であれば$\Delta G = -206.35$kJ/molと絶対値の大きな負の値を取るので、(6-3) の反応は自発的に右に進むはずです。

過酸化水素水はかつて消毒剤として使われたものですが、実は私たちの体内では過酸化水素は日常的に作られています。消毒剤に使われるくらいですから、私たちの体の中では有害であり、分解して無害な酸素と水にする必要があります。無害であれば、自発的にいずれは分解するのですから、放っておけば良いのですが、何しろ有害物質ですから、体の中でできたら直ちに分解しなければなりません。図6-10にこの反応のエネルギー図を示します。この図では１モルの過酸化水素についての数字が示されています。反

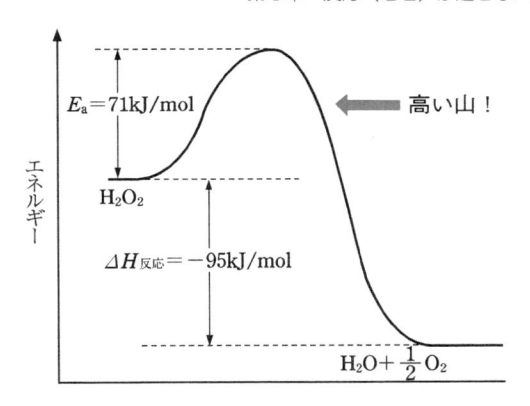

第6章 反応（こと）が起こるスピード

図6-10　過酸化水素の分解（触媒なし）

応エンタルピーは－95kJ/molなので、大きな発熱反応ですが、越えるべき山も匹敵するくらいの高さ71kJ/molのE_aを持っています。

この山はそれほど高い山でもありませんが、標準状態でこの山を軽々とクリアできるエネルギーを持った分子の数は決して多くありません。したがって、過酸化水素は、標準状態では徐々にしか分解されません。しかし、すばやく無毒化する必要があり、その速度では遅すぎます。それでは、私たちの体の中ではどうしているのでしょうか？

生物の体の中には、活性化エネルギーを下げる素晴らしい仕組みがあります。それは酵素と呼ばれるタンパク質です。非常にたくさんの種類の酵素が生体内では働いていますが、過酸化水素の分解反応には、カタラーゼという酵素が深く関与しています。図6-11に示すように、カタラーゼ

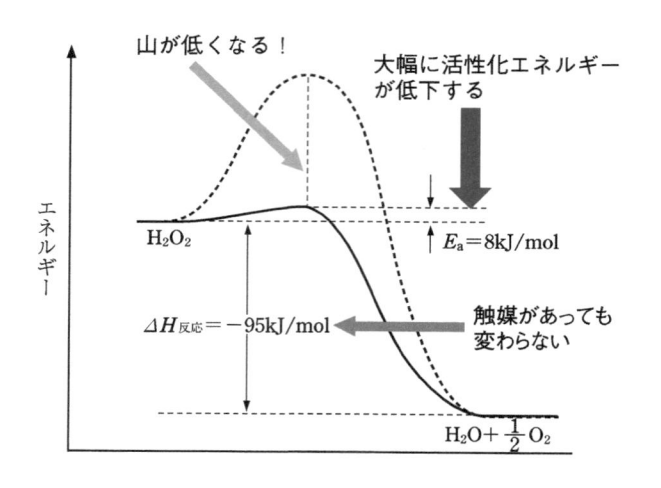

図6-11　過酸化水素の分解（カタラーゼ有り）

グラフ中の注釈：
- 山が低くなる！
- 大幅に活性化エネルギーが低下する
- $E_a = 8 \text{kJ/mol}$
- $\Delta H_{反応} = -95 \text{kJ/mol}$
- 触媒があっても変わらない
- H_2O_2
- $H_2O + \frac{1}{2}O_2$

は活性化エネルギーを9分の1ほどのわずか8kJ/molに下げてしまいます。酵素が山を削ってしまうのです！　この低い山なら、室温のボルツマン分布でも十分に乗り越えるだけのエネルギーを持った分子が非常にたくさんあります。ですから、この反応はスムーズに進み、私たちは中毒にならなくて済んでいるのです。

　酵素のように活性化エネルギーを顕著に下げる働きをする物質を、**触媒**（catalyst）と言います。カタラーゼ（catalase）とは、触媒の作用を持つ酵素ということから名付けられましたが、酵素という名前のついたタンパク質は全て触媒の働きを持っています。

　カタラーゼの立体構造（Protein Data BankのIDコー

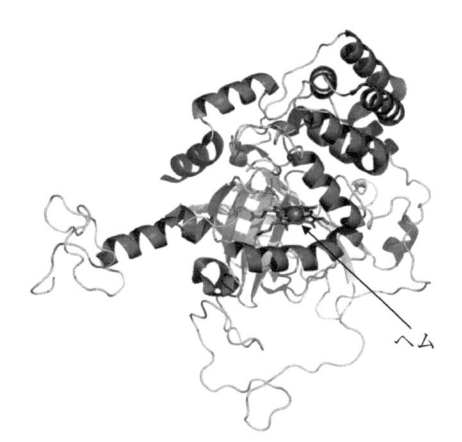

第6章　反応（こと）が起こるスピード

ヘムの真ん中にある球が鉄原子を示す。タンパク質のα-ヘリックスはラセンでβ-ストランドは平らな矢印で、それ以外は細い紐で示した。

ヘム

図6-12　カタラーゼの分子構造

ド：1GWE）を図6-12に示します。カタラーゼ分子の中にはヘムと呼ばれる、特殊な化学構造があり、ここには鉄原子があります。この鉄原子を使って、過酸化水素を分解します。酸素分子を運搬する働きをするヘモグロビンの中にも、まったく同じヘムがあります。ヘモグロビンの場合には、鉄に酸素分子が結合します。この鉄は触媒として働きますが、鉄イオンだけを入れても、活性化エネルギーはせいぜい40kJ/molにしか下がりません。

■なぜ活性化エネルギーを下げられるのか

　触媒の働きを理解するために、まず鉄イオンがどのように活性化エネルギーを下げるかを考えてみます。鉄イオン（Fe^{2+}）は過酸化水素と次のような反応をします。Fe^{2+}は

H_2O_2に1個電子を供給して、Fe^{3+}にたやすくなります。この電子を得るとH_2O_2の真ん中のO–O結合は比較的容易に切断され、OH^-（ヒドロキシ・アニオン）と$HO·$（ヒドロキシル・ラジカル）に分裂します。この$HO·$が最終的にさらにH_2O_2と反応して、O_2とH_2Oを生成します。

$$Fe^{2+} + H_2O_2 \rightarrow Fe^{3+} + OH^- + HO·$$

Fe^{2+}は自分の電子を一時貸してあげることで、H_2O_2の分解を促進します。つまり、後で電子を戻してもらい、Fe^{3+}はもとのFe^{2+}の状態に戻りますから、Fe^{2+}自身は全く変化をしません。触媒自身は反応の前後で何も変わらないというのが、触媒作用の妙味です。

　人間社会では考えられないことで、事業を成功させるために、出資してくれて、利息どころか手数料さえ取らないというのです。自然の寛大さと懐の深さには感激するばかりです。難事業もお金でどうにかなるものですが、鉄イオンの触媒作用で、高かった活性化エネルギーも40kJ/molにまで下がります。

　さて、カタラーゼの中心には鉄がありますが、カタラーゼはどのようにして活性化エネルギーをさらに30kJ/molも下げているのでしょうか？　鉄だけで済むなら、大きな図体のカタラーゼ分子など不要です。図6-13（a）に示すように、カタラーゼでこの分解反応を行う場所は決まっています。このような場所を**活性部位**と言いますが、その部位に水中のH_2O_2は引き寄せられ、捕まえられて、切断されます。この「捕まえる」というところが重要です。

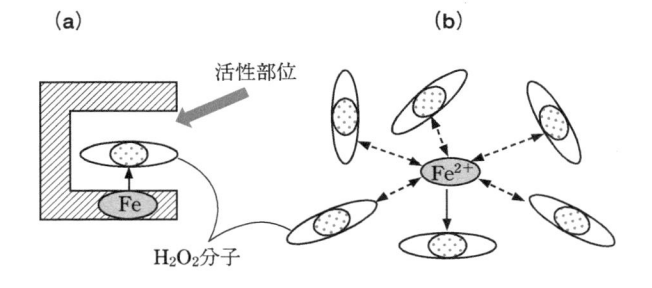

(a) 活性部位 ← 活性部位
H_2O_2分子
(b)
Fe^{2+}

図6-13　酵素の働きの妙味

　酵素には目があるわけではないので、「目で見て」ということではないのですが、酵素の活性部の形はちょうど獲物のH_2O_2がかかるように仕組まれていて、溶液中のH_2O_2が次々にこの罠にかかるのです。罠は巧みに作られていて、獲物のH_2O_2はFeによる切断を最も受け易い形で捕らえられます。捕まえたところに鋏があって切られるのです。一方(b)のようにFe^{2+}とH_2O_2が水溶液中でランダムに反応する場合には、Fe^{2+}とH_2O_2がちょうどよい具合に衝突するチャンスはずっと減ることになります。

　カタラーゼは１つ１つのH_2O_2と反応しますが、１つ１つきちんと捕らえて、逃さず、反応させて行きます。このような仕組みで、反応を能率的に行うために、カタラーゼに限らず触媒作用をする酵素は大きな図体をしていると言えます。カタラーゼは活性部位にあるFeと、活性部位の特異的な罠の構造を活用することで、活性化エネルギーを大きく下げることができるのです。

1つ忘れてはならない重要なことがあります。触媒や酵素は、活性化エネルギーを下げて、山を越し易くしてくれますが、反応（こと）のΔGには全く影響を与えません。つまり、本来「自発的に」進む反応（こと）を現実的な時間内に起こるようにしてくれるのが、酵素であり、触媒です。別の言い方をすると、本来不可能な反応（こと）はどんなに触媒を使っても進まないということです。計画が無理であれば、いかにお金をつぎ込んでも、それは実現されないということです。本書の中心主題である、「こと」が起こるかどうかをまず判断するということが、いかに重要かお分かり頂けるでしょうか？

6-5　反応のスピード

　大きく分けて反応のスピードを決める2つの因子について述べてきました。1つは、反応するもの同士の遭遇です。もう1つは、活性化状態の山越えです。これら2つの因子を考慮して、反応の速さがどのように表現できるかを最後にまとめてみましょう。例として、次のような反応について考えます。

$$a\mathrm{A} + b\mathrm{B} \rightarrow c\mathrm{C} + d\mathrm{D}$$

この反応の速さv、つまり1秒間にどれだけの生成物ができるか、は次の式で表されます。

$$v \propto [\mathrm{A}]^a[\mathrm{B}]^b \quad (6\text{-}4)$$

第6章 反応（こと）が起こるスピード

既に述べたように、分子の遭遇のチャンスは分子の数、つまり濃度に比例します。何度も述べてきた次の反応ではaとbは1になります。

$$H_2 + I_2 \rightarrow 2HI$$

その様子を図6-14に示します。（a）ではH_2とI_2の衝突回数は3回ですが、（b）ではI_2の数が3倍になるので9回になり、衝突回数は3倍になります。つまりこの反応では$a = b = 1$となります。

濃度の何乗に比例するかは、実は反応の種類によって異なりますが、ここでは細かいことはお話ししません。反応の速さは濃度に比例することが理解できれば十分です。

既に、ボルツマン分布のところでお話ししましたが、ある温度においてE_a以上のエネルギーを持っている分子の割合は、（6-2）式で示すように$e^{-\frac{E_a}{RT}}$になります。反応の速さは山を越える能力のある分子の数（割合）に比例しますから、反応の速さvは当然$e^{-\frac{E_a}{RT}}$にも比例することになります。したがって、（6-4）式は、

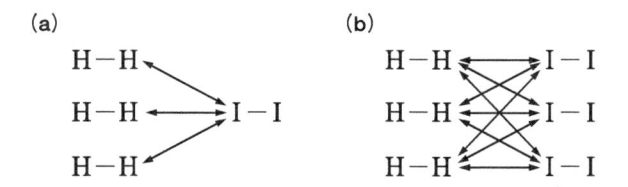

図6-14　分子が衝突するチャンス

$$v \propto e^{-\frac{E_a}{RT}}[\text{A}]^a[\text{B}]^b \quad (6\text{-}5)$$

となります。多くの化学反応の速さはこの式で表されます。このような指数関数の関係が成り立つことは100年以上も前に、アレニウス（Arrhenius）という科学者が実験的に見出しました。

　もちろん、自由エネルギーの変化が正になる反応では、反応の速さを求めること自体意味がないことは、既に皆さんはお分かりですね。どんなに上手い話であっても、それが自由エネルギーの観点から困難であれば、その話はインチキということになります。

おわりに

「ある現象が起こるのか起こらないのか、起こるとするならどのような条件で起こるのか」、ということは私たちの重大な関心事です。このような関心事は、化学に限ったことではありませんが、本書では化学現象（こと）はどのように進むのか、その根底にある原理原則は何か、を簡単に解説しました。簡単とは言っても、ここまで辿り着いた読者（ほとんどの読者がそうであったことを願いますが）は、すでに原理原則の何かをほぼ理解できたはずです。

　最先端や複雑な現象を扱う科学における学説や理論は、日進月歩で変化しています。極端な言い方をすると、今日学んだことが明日は役に立たないことすらあります。しかし、既に述べましたように、熱力学の第2法則は間違いなく正しいことが認められている唯一の法則ですので、それに基づいて展開してきた、「こと」が起こる原則は、多分未来永劫も成り立つはずです。また宇宙のどこに行っても成り立つはずです。

「こと」の起こり方を支配する重要な量にエネルギーとエントロピーがあります。高校生や文科系の勉強をして来た読者には、少し馴染みの薄いエントロピーという量が実は非常に身近なものであることが多分お分かり頂けたと思います。今までぼんやりと体感していたことを明確に定式化すると、そこから視界が大きく開けることが少なくありま

せん。エントロピーという呪文みたいな言葉を定義することで、これまで曖昧だったものの輪郭が明瞭になって来ました。本書では、全く触れませんでしたが、情報理論の中でもエントロピーの概念は非常に重要な役割を果たしています。

　エネルギーとエントロピーは両方とも大事ですが、実際に「こと」が起こる方向はそれらをバランスした自由エネルギーです。自由エネルギーは私たちの可処分所得のようなもので、それが使えなければ、「こと」が起こることはできません。「こと」が起こる時の自由エネルギーの変化は、少なくとも化学現象の場合には、前もって予測することができますので、私たちは「その現象が起こるのか起こらないのか、起こるとするならどのような条件で起こるのか」を知ることができます。本書では、そのような予測を具体的な例についてたくさん紹介してきました。皆さんは、そのような予測を行うためには、何を考慮すれば良いのか、もうお分かりになっているはずです。そうであれば、本書の主な目的は充分に達せられたことになります。
「科学的な物の考え方」とはどういうものかを解説している多くの本では、科学的＝論理的という点が強調されています。もう１つ強調されることは、科学的な事柄は実験による再現性が保証されていなければいけないということです。これらの２点は確かに重要ですが、私は、「科学的な物の考え方」でもっと重要なことは、「科学の法則を通して私たちの物の考え方を整理する（時に正す）こと」であると思っています。この点が科学教育ではほとんど強調さ

おわりに

れていないことは、非常に残念です。科学の法則は、単に物を作る基礎法則だけではないのです。そこには、宇宙全体にも通じる、万物の生々流転に関する原理原則が集約されています。私たちの体だけでなく、精神そして社会の仕組みにまで、これらの原則は成り立っているはずです。私たちは古代の哲人や宗教家より、自然の法則を良く知っているはずです。彼らが知ったらさぞかし羨ましく思われそうなほど、私たちは原則を知っています。それを、私たちの生き方への指針や社会の仕組みを改善するために活用しないとしたら、本当にもったいないことではないでしょうか？

付録

本書では難しい数式は出てきませんが、「対数」と「場合の数」については馴染みが薄い（ないしは忘れてしまった）読者がいるかも知れません。そこでこれらの数式の意味について、簡単に復習をしておきます。

1 対数
■対数とは

化学では、私達が日常的に使う数字に比べて非常に大きい数や非常に小さい数を扱います。1モルの原子や分子の数は膨大な数の代表ですし、水の中で解離しているH^+イオン（H_3O^+イオン）の数は逆に非常に小さな数の代表です。1000000という大きな数字を表す時、この表記法ではゼロを数えなくてはいけないので、数の大きさの程度を把握する上ではあまり便利ではありません。そこで考え出されたのが、10^6という表記法です。これは10を6回かけるという意味で、$10\times10\times10\times10\times10\times10$ということです。したがって$10^3$であれば、1000ということになります。この表記を指数表記と言います。

逆に0.0000001のように小さい数も、このようにいちいち書くのは面倒ですし、数の大きさの程度がすぐに摑めません。しかし指数表記で表せば、10^{-7}となります。

このように指数表記を使うと、10の肩につけた数の符号と大きさで、その数字の大小の程度が簡単に分かります。数字yを

$$y = a^x \qquad (1)$$

と表記する時、この関数を指数関数と言います。aは今の場

合、10になります。このaを底（てい）と呼びます。指数関数で数字を表すと、yの2乗とか3乗とかは簡単に表せます。y^2はa^{2x}でy^3はa^{3x}です。つまり大きな数や小さな数が、更にその何乗になる、という状況を表現する場合に、指数関数は便利です。

しかし、いちいち肩に数字を付けたものを書くのは面倒です。10の何乗かを議論しているのであれば、何乗かだけが分かれば良いことになります。つまり(1)式で、xだけを示せば十分です。その目的には対数関数が便利です。(1)式のxを、底にaを用いた場合、yの対数と呼び、次のような記号で表します。

$$x = \log_a y \qquad (2)$$

yがかなり大きなあるいは小さな数でも、対数xは私達が日常的に扱う数字の範囲、せいぜい−10から10の間に収まりますので、膨大または微小な量を表すのに便利です。

■常用対数

私達が通常扱う数字は10進法ですから、底が10の場合に相当します。したがって(2)式は次のようになります。

$$x = \log_{10} y \qquad (3)$$

このように10を底とする対数を常用対数と呼びます。常用対数を多く使う場合には、10を省いて、$\log y$のように表記します。

少し例を見てみましょう。まず29の対数を求めてみます。つまり$29 = 10^x$のxを求めようということです。$y = 100$であれば、暗算で$x = 2$となります。$y = 29$の場合、暗算は難しいですが、最近の電卓やWindowsのアクセサリーにある関数電卓を使えば、簡単に1.4623…と求められます。

それでは$1000 \times 350 \times 75$の対数を次に求めてみます。この対

数は$\log(1000\times350\times75)$ですが、(1)式からも分かるように

$$\log(1000\times350\times75) = \log(1000) + \log(350) + \log(75)$$

と分けて計算ができます。かけ算がたし算で済むという大きなメリットがあります。ですから

$$\log(1000) + \log(350) + \log(75)$$
$$= 3 + 2.544 + 1.875 = 7.419（小数点以下3桁を四捨五入）$$

と簡単に求められます。

次の例はpHです。pHは水溶液中のH$^+$イオン（H$_3$O$^+$イオン）の濃度です。H$^+$の濃度が0.0004mol/lだとすると、pHの定義から、

$$\mathrm{pH} = -\log_{10}[\mathrm{H}^+] = -\log(4\times10^{-4}) = -\{\log 4 + \log(10^{-4})\}$$
$$= -\{\log 4 - 4\log 10\} = -(0.60 - 4)$$
$$= 3.40 \quad（小数点以下2桁を四捨五入）$$

簡単のために、2行目以下では底の10を省きました。つまり、pHは3.40ということになります。

この溶液を1000倍に希釈した場合のpHはどうなるでしょうか？ H$^+$イオン（H$_3$O$^+$イオン）の濃度は10^{-3}倍になるので、4×10^{-7}になります。したがって、上式の途中から計算すれば良く、

$$\mathrm{pH} = -\{\log 4 - 7\log 10\} = -(0.60 - 7) = 6.40$$

となります。もちろん、これなら簡単に暗算できます。100倍なら2、1000倍なら3という数字をたせばよいのです。常用対数を使うメリットは十分あります。

■自然対数

　エントロピーの説明のところでは、常用対数の代わりに自然対数というものを使いましたが、その理由を簡単に説明します。本書では範囲を超えるので、省きましたが、エントロピーやエンタルピーの変化というものを数学的に扱うには、微分積分の方法を使う必要があります。対数$\log_a x$（$a>1$）の$x=1$における微分係数は

$$\frac{\log_a(1+h) - \log_a 1}{h} = \frac{\log_a(1+h)}{h} = \log_a(1+h)^{\frac{1}{h}}$$

の$h\to 0$における極限値になります。$\lim_{h\to 0}(1+h)^{\frac{1}{h}}$の数は求められていて、2.71828182…という無限小数です。いちいち書くのが面倒なので、この数字を通常eと表します。そうすると$x=1$における$\log_a x$の微分係数は$\log_a e$となります。もし底にeを用いれば、$\log_e e = 1$となるので、$\log_e x$の微分係数は1となり、非常に簡単になります。

　同時に底にeを用いると、指数関数e^xの微分係数はe^x自身になるので、非常に計算が楽になります。変化を扱うためには微分積分は必須ですので、より簡単な扱いができるようにeを底にする自然対数が好んで使用されるのです。

　したがって、微分積分を常識的に使う数学や物理学では、対数と言えば必ず底がeなので、この分野で使われる$\log x$は必ず$\log_e x$ということになります。ただ紛らわしいので、自然対数の場合、log（logarithm）の代わりにln（natural logarithm）を用いることも多くあります。本書では、lnを使いました。lnとlogの換算が必要になることは余りありませんが、当然変換は可能です。次のような関係が成り立ちます。

$$\log x = M \ln x$$
$$M = \log e = 0.43429448\cdots$$

つまりは $e = 10^{0.43429448\cdots}$ ということです。

2　場合の数

　ものの個数や場合の数を数え上げるということは、日常的にもよくあることです。そこで重要になることは、条件にかなうものをもれなく数え上げるということです。並木算のように、あるやり方を知っていると、いちいち印を付けながら数え上げるということをしなくて済みますし、間違いを犯す可能性もぐっと減ります。

　場合の数の数え上げ方は、数学というより生活の知恵のようなものですが、まとまったことは数学の中で教えられます。しかも、確率という比較的敬遠されがちなジャンルの導入部でたいていは説明されるので、最初から敬遠してしまう高校生も少なくありません。本当は対数などより、ずっと日常的な話題なのです。ここでは、本書の中で用いた例を理解する上で必要な最低限のお話をすることにします。

■順列

　A、B、CそしてDという**4文字を1回ずつ使って1列に並べる並べ方**（順列）は、何通りあるかを考えます。

　付図2-1のように4個の箱を考え、まず1番目の箱にAを入れるとします。2番目の箱には、A以外の3文字が入ります。それをたとえばBとすると、3番目の箱には残りの2文字の1つが入ります。それをCとすると、最後の箱に入るのは、最後に残った1個であるDということになります。したがって、1

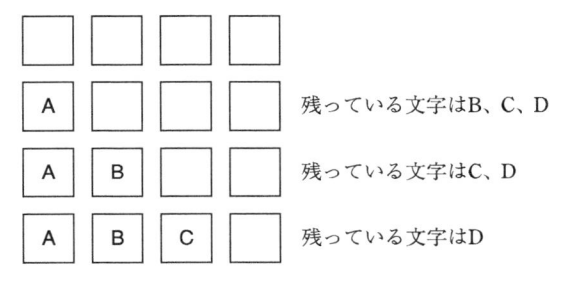

付図2-1

番目の箱に入る文字の可能性は4通り、2番目の箱に入る可能性は3通り、3番目の箱に入る可能性は2通りで、4番目の箱に入る可能性は1通りです。つまり、全部で4文字の並べ方は

$$4 \times 3 \times 2 \times 1 = 24 通り$$

になります。付図2-2にそのすべての場合を書いてみました。この考え方を一般化すると、次のようになります。「異なるn個のものを1列に並べる並べ方」は全部で

$$n \times (n-1) \times (n-2) \times \cdots \times 3 \times 2 \times 1 通り$$

ABCD	BACD	CABD	DABC
ABDC	BADC	CADB	DACB
ACBD	BCAD	CBAD	DBAC
ACDB	BCDA	CBDA	DBCA
ADBC	BDAC	CDAB	DCAB
ADCB	BDCA	CDBA	DCBA

付図2-2

です。$n \times (n-1) \times (n-2) \times \cdots \times 3 \times 2 \times 1$ はいちいち書くのが面倒ですので数学では、$n!$という記号を使います。つまり、

$$n! = n \times (n-1) \times (n-2) \times \cdots \times 3 \times 2 \times 1$$

ということです。!（いわゆる、びっくりマークです）のことを階乗と言います。10人の生徒を1列に並べる並べ方を付図2-2のようにして数え上げると気が遠くなりますが。それは10!ということになります。パソコン用のソフトウェアであるExcelを使う（FACTという関数を用いる）と、実際の数字は、10! = 3628800と簡単に求められます。

それではA、B、C、D、E、F、Gという**7文字の中から4文字を選んで1列に並べる**全ての方法を考えて見ましょう。順列のところで述べたように、7文字を1列に並べる方法は、7!通りあります。付図2-3のように4個の箱を考えると、7文字をこの4個の箱に入れる場合の数は、上で考えたのと同じ要領で求めることができます。1番目の箱に入れることのできる文字の種類は7、2番目は残りの6、そして以下、5および4通りとなります。つまり

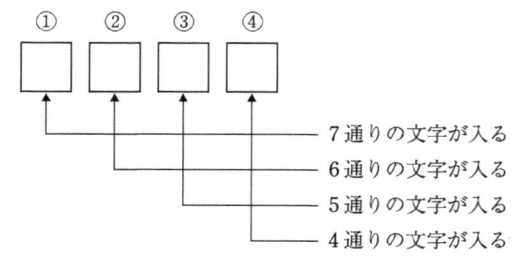

① ② ③ ④

- 7通りの文字が入る
- 6通りの文字が入る
- 5通りの文字が入る
- 4通りの文字が入る

付図2-3

$$7 \times 6 \times 5 \times 4 = 840 通り$$

になります。この考えを一般化すると、「n個の異なる文字からr個を選んで1列に並べる並べ方」は、

$$n \times (n-1) \times (n-2) \cdots (n-r+1) 通り$$

になります。このことを数学では記号を使って${}_nP_r$と表します。${}_nP_r$は階乗の記号を使って表した方が便利ですので、それを求めてみましょう。かけ算の記号を多用すると見にくいので、次式のように省きます。

$${}_nP_r = n(n-1)(n-2)\cdots(n-r+1)$$

$$= \frac{n(n-1)\cdots-(n-r+1)(n-r)\cdots 3 \cdot 2 \cdot 1}{(n-r)\cdots 3 \cdot 2 \cdot 1} = \frac{n!}{(n-r)!}$$

■組み合わせの数

次に、A、B、C、D、E、Fの異なる**6文字から3文字を選ぶ組み合わせ**の数を考えてみます。1列ではなく、集団として3文字を選ぶということです。

まず6文字から3文字を選び、1列に並べる場合の数を勘定してみます。既に習った記号で、${}_6P_3$になりますね。たとえば、BCDという3文字が選ばれた場合、1列に並べる仕方は3!つまり6通りありますが、3文字の並び方を考えなければ、この3文字の組み合わせは1通りしかありません。つまり${}_6P_3$では、この分だけ余計に場合の数を勘定していることになります。全ての3文字について3!分だけ重複して数えているので、3文字の組み合わせを選ぶ方法は、$\frac{{}_6P_3}{3!}$ということになります。これに基づき、一般化すると、「n個の異なる文字からr個の文字を

選び出す組み合わせの数」は

$$\frac{{}_n\mathrm{P}_r}{r!}$$

ということになります。$\frac{{}_n\mathrm{P}_r}{r!}$のことを数学では、${}_n\mathrm{C}_r$と表します。ですから${}_n\mathrm{P}_r$の階乗を用いた表現を使えば、${}_n\mathrm{C}_r = \dfrac{n!}{(n-r)!r!}$となります。まとめると、「$n$個の異なる文字から$r$個の文字を選ぶ組み合わせの数」は

$$_n\mathrm{C}_r = \frac{n!}{(n-r)!r!}$$

であるということになります。この式は本書の中でもよく現れている式です。この考え方を覚えておくと、複雑な場合でも間違いなく、組み合わせの数を漏れなく求めることができます。たとえば10人から3人のグループを作る組み合わせの数は${}_{10}\mathrm{C}_3$です。$\dfrac{10!}{7!3!}$ですから、$\dfrac{10\cdot 9\cdot 8}{3\cdot 2}$になり、暗算でも120通りと求められます。

■**重複を許した組み合わせの数**

　エネルギー単位を粒子に分配するところに出てくる組み合わせの数です。一見難しそうですが、実はそれほどでもありません。

　まず具体例から入りましょう。A、B、Cの**3文字から重複を許して5個選ぶ場合**の数を考えます。選んだことを、○で表し、付図2-4のように、選ばれたA、BそしてCを仕切り（｜）で区切って考えます。(a)では、Aが2個、Bが2個でCが1個の

<pre>
             A   B   C
(a)   ○ ○ | ○ ○ | ○

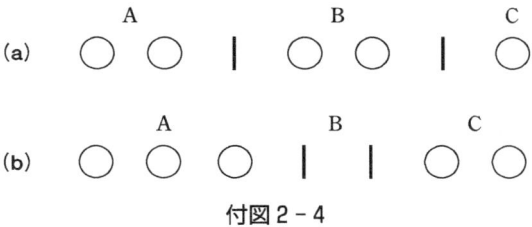

             A   B   C
(b)   ○ ○ ○ | | ○ ○
</pre>

付図2-4

場合です。各文字を選ぶ数は0（全く選ばない）から5（すべて1つの文字から選ぶ）までの6通りあります。例えば(b)では、Aが3個、Bが0個、そしてCが2個選ばれたことを示します。このような場合を全ての可能性について考えることと、5個の○と2個の｜を1列に並べることは同じになります。○と｜は合計で7個ありますので、その順列は7!です。

ところが○と｜は同じもの同士は区別できません。○については、5!個ずつ重複して勘定していますし、｜については2!ずつ重複して勘定しています。したがって、○と｜を1列に並べる方法は$\frac{7!}{5!2!}$となります。つまり21通りです。

これを一般化すると、「n個の異なる文字から重複を許してr個選ぶ組み合わせの数」は

$$\frac{(n+r-1)!}{r!(n-1)!}$$

になります。これは前出のCを使えば、$_{n+r-1}C_r$となりますが、新たな記号Hを使って、$_nH_r$と表すことが一般的です。上の定義を言い換えると、「n個の異なる文字から重複を許してr個選ぶ組み合わせの数は$_nH_r$」ということになります。本書の内容で行けば、r個のエネルギー単位を、n個の原子にすべて分配する仕方は$_nH_r$通りある、ということになります。

付表 1

標準生成エンタルピー $\Delta H°$
および標準エントロピー $S°$ (1気圧、298K)

s：固体　　l：液体　　aq：水溶液　　＊基準設定

	$\Delta H°$ (kJ/mol)	$S°$ (J/(K·mol))
元素、イオン、塩		
塩素		
$Cl_2(g)$	0	223.07
$Cl(g)$	121.68	165.2
$Cl^-(aq)$	-167.16	56.5
カリウム		
$K(s)$	0	64.18
$K^+(aq)$	-252.38	102.5
$KOH(s)$	-424.76	78.9
$KCl(s)$	-436.75	82.59
カルシウム		
$Ca(s)$	0	41.42
$Ca^{2+}(aq)$	-542.83	-53.1
$Ca(OH)_2(s)$	-986.09	83.39
$CaCl_2(s)$	-795.8	104.6
酸素		
$O_2(g)$	0	205.14
$O(g)$	249.4	160.95
$O_3(g)$	142.7	238.93
$OH^-(aq)$	-229.99	-10.75
水素		
$H_2(g)$	0	130.68
$H(g)$	217.97	114.71
$H^+(aq)$	0*	0*
$H_2O(l)$	-285.83	69.91
$H_2O(g)$	-241.82	188.83

$H_2O_2(l)$	−187.78	109.6
$H_2O_2(aq)$	−191.17	143.9
$HCl(g)$	−92.3	186.9
炭素		
$C(s)$, グラファイト	0	5.74
$C(s)$, ダイアモンド	1.895	2.377
$C(g)$	716.68	158.1
$CO(g)$	−110.53	197.67
$CO_2(g)$	−393.51	213.74
$CO_3^{2+}(aq)$	−677.14	−56.9
窒素		
$N_2(g)$	0	191.61
$N(g)$	472.7	153.19
$N_2O(g)$	82.05	219.85
$NO(g)$	90.25	210.76
$NO_2(g)$	33.18	240.06
$N_2O_4(g)$	9.16	304.29
$NO_3^-(aq)$	−206.57	146.4
$NH_3(g)$	−46.11	192.45
$NH_3(aq)$	−80.29	111.3
$NH_4^+(aq)$	−132.51	113.4
$NH_4Cl(s)$	−314.43	94.6
ナトリウム		
$Na(s)$	0	51.21
$Na^+(aq)$	−240.12	59.0
$NaOH(s)$	−425.61	64.46
$NaCl(s)$	−411.15	72.13
$Na_2CO_3(s)$	−1130.9	135.98
鉛		
$Pb(s)$	0	64.81
$Pb^{2+}(aq)$	1.7	21.3
$PbI_2(s)$	−175.1	177

ヨウ素			
$I_2(s)$		0	116.14
$I(g)$		106.84	180.79
$I_2(g)$		62.44	260.69
$I^-(aq)$		-55.19	111.3
$HI(g)$		26.48	206.59
リン			
$PO_4^{3-}(aq)$		-1284.07	-217.57
分子			
$CH_4(g)$	メタン	-74.81	186.26
$C_2H_6(g)$	エタン	-84.68	229.6
$C_6H_{12}(l)$	シクロヘキサン	-156.4	204.4
$C_6H_{12}(g)$	シクロヘキサン	-123.1	298.2
$C_6H_6(l)$	ベンゼン	49	173.3
$CH_3OH(l)$	メタノール	-238.86	126.8
$C_2H_5OH(l)$	エタノール	-277.69	160.7
$(NH_2)_2CO(s)$	尿素	-333.19	104.6
$C_6H_{12}O_6(s)$	グルコース	-1274.4	212.1

付表2

平均結合生成エンタルピー

結合の均一開裂反応から求めた標準状態（1気圧、298K）での値（kJ/mol）

－、＝および≡は各々単結合、二重結合および三重結合を表す。

＊CO_2の場合には799kJ/molになる。

	H	C	N	O	P
H －	－436.4	－414	－393	－460	－326
C －	－	－347	－276	－351	－263
C ＝		－620	－615	－745＊	
C ≡		－812	－891	－1071	
N －	－393	－	－193	－176	－209
N ＝		－	－418		
N ≡		－	－941.4		
O －	－460	－	－	－142	－502
O ＝		－	－	－498.7	
P －	－326	－	－	－	－197
Cl －	－431.9	－338			
Br －	－366.1	－276			
I －	－298.3	－238			

さらに勉強したい方のために

■化学における熱力学の利用についてもう少し勉強したい方

『バーロー物理化学』第 6 版、G.M.Barrow著、大門寛・堂免一成訳、東京化学同人（1999）
＊定評のある教科書で、著者もはるか40年も前に教科書として使いました。

『化学熱力学』G.C.Pimentel and R.D.Spratley著、榊友彦訳、東京化学同人（1977）
＊普通の教科書とは異なり、日常的な事例も交えて熱力学の化学への応用について書かれています。一見やさしそうに見えますが、かなり深いところまで書かれています。

『バイオサイエンスのための物理化学』I.Tinoco Jr., K.Sauer, J.C.Wang and J.D.Puglisi著、猪飼篤監訳、東京化学同人（2004）
＊化学というより生化学領域において熱力学を活用する上でのエッセンスを、第 2 章から第 5 章までの約150ページで手際よくまとめてあります。例題も付いているので、実践力をつける足がかりになります。

■熱力学について少し本格的に勉強してみたい方
熱力学に関する教科書はたくさん出版されています。著者が分かりやすいと感じた本は次の通りです。

さらに勉強したい方のために

『**なっとくする熱力学**』都筑卓司著、講談社（1993）
＊独特の語り口で、色々な事例を交えて書かれている教科書ですが、読んでいて肩が凝らないので、読み物に近い本です。内容は十分基礎をカバーしています。
『**熱・統計力学の考え方**』砂川重信著、岩波書店（1993）
＊上の本より、教科書的な本です。重要事項を非常に簡潔に記述していますので、知識の整理には良いと思います。
『**統計力学**』（岩波全書）、中村伝著、岩波書店（1967）
＊統計力学は熱力学の発展形のようなものです。著者が熱力学の魅力にとりつかれるきっかけになった本です。小さな本なので、どこでも勉強できる便利さがあります。程度は少しは高いかも知れません。「物理学テキストシリーズ」として1993年に複刊されました。

■**エントロピーと地球環境問題との関わりに関する本**
『**エントロピーの法則**』J.Rifkin著、竹内均訳、祥伝社（1990）
＊エントロピーという考え方が、純粋科学だけでなく、地球環境問題を考える上でも非常に重要であると提言した本です。比較的古い本ですが、その中で予言されていることが少なからず現実になっています。

■**本書の内容を少し別の角度からやさしく書いた本**
『**化学反応はなぜおこるか**』（講談社ブルーバックス）上野景平著、講談社（1993）
＊化学反応がなぜ起こるのか、についてやさしく解説した

本です。

『**新装版　マックスウエルの悪魔**』（講談社ブルーバックス）都筑卓司著、講談社（2002）
＊おもにエントロピーについて、面白おかしく書いた本です。物理学の分野での熱力学のやさしい入門書と言えます。

『**エントロピーとは何か**』（講談社ブルーバックス）堀淳一著、講談社（1979）
＊物理や情報科学におけるエントロピーの概念をエッセーストとしても有名な著者が独特の語り口で書き下ろした名著です。

『**暗記しないで化学入門 新訂版**』（講談社ブルーバックス）平山令明著、講談社（2021）
＊本書の化学結合の説明で物足りないと感じた読者にお薦めする、化学結合に関してやさしく解説した拙著です。

『**教養としてのエントロピーの法則**』平山令明著、講談社（2023）
＊エントロピーが私達の生き方や社会のあり方とどのように関わっているかについて解説した拙著です。情報エントロピーと熱力学的エントロピーの関係についてもやさしく解説しています。

さくいん

【アルファベット】

ADP　39,166
ATP　39,166
H（エンタルピー）　48
k（ボルツマン定数）　80
K（平衡定数）　170,180
pH（水素イオン濃度指数）　189,195
R（気体定数）　176
S（エントロピー）　79
W（状態の数）　67,79,176
ΔG（自由エネルギー）　120
ΔH（生成エンタルピー、エンタルピーの変化量）　49,55,93,94
$\Delta H°$（標準生成エンタルピー）　49,123
$S°$（標準エントロピー）　123
ΔS（エントロピーの変化量）　94

【あ行】

アマノジャク　183
アルカリ　192
安定　42
イオン結晶　135
位置エネルギー　13,14,19,34,47,135
位置エントロピー　80,83,85,102,139
陰イオン　132,216
運動　23
運動エネルギー　10,19,20,33,45,47,49
液体　84
エネルギー　10,17
エネルギー図　43,56
エネルギーの単位　34
エネルギー保存の法則　18,27,77
塩基　192
エンタルピー　48
エントロピー　79,82
エントロピー増大の法則　80,106
エントロピーは増大する　122
大きなエネルギーの山　199
温度　23

【か行】

解離　189
化学結合　52
化学結合エネルギー　37,38,45,47

さくいん

可逆反応　183
拡散　65
可処分所得　118
活性化エネルギー　200,214,222
活性化状態　199
活性部位　222
緩衝液　189
緩衝作用　192
気体　84
気体定数　176
ギブズの自由エネルギー　119
吸熱反応　56
凝固点　152
凝固点降下　152
共有結合　37,52,116
筋肉の運動エネルギー　39
グルコース　164
結合生成エンタルピー　52,55,116,215
結合切断エンタルピー　52,90
結晶格子エネルギー　135
酵素　219
固体　83

【さ行】

酸性度　189
仕事　10,17
自発的　68,76

自由エネルギー　118,120,153,163,180,193,196
ジュール　34
ジュールの実験　34
状態の数　67,71,77,79,176
触媒　220
振動　30
浸透圧　69
水素結合　89
水和エネルギー　136
生成エンタルピー　138
静電相互作用　15
絶対零度　22
セルロース　164
セロハン膜　69
総エネルギー　47

【た行】

だらしない　62
断熱状態　101
デシケータ　103
でたらめ　81,106
電気陰性度　133
電気エネルギー　39
電磁波　29,33,104

【な行】

熱　24,33,49

249

熱エネルギー　20,26,45,85
熱エントロピー　80,85,93,102
熱振動　24
熱力学の第1法則　17
熱力学の第2法則　122
燃焼　165

【は行】

波長　29
発熱反応　45,56
ばね　14
ハーバー法　185
半透膜　69
万有引力　12
光　28,104
標準エントロピー　114,123
標準状態　42,173
標準生成エンタルピー　49,114,123
標準生成エンタルピー差　49
ファン・デル・ワールス力　146,148
不安定　42
フックの定数　14
物質系の可処分エネルギー　120
沸騰　25
分散力　146

分子運動　26
分子の運動の激しさ　23
平衡状態　111,183
平衡定数　170,180,190
ヘンダーソン-ハッセルバルチの式　194
ぼうこう膜　69
放射　32
ポテンシャル・エネルギー　16
ホメオスタシス　168
ボルツマン式　210
ボルツマン定数　80
ボルツマン分布　206,214

【ま行】

マクスウェルの悪魔　193
マクスウェル-ボルツマン分布　206,208
メタン・クラスレート　151
メタン・ハイドレート　151
モル　36

【や行】

融解エントロピー　94
融解熱　90,94,152
融雪剤　152
陽イオン　132,216

【ら行】
乱雑な状態　71
乱雑な方向に進む　63
理想気体の仮定　178
リン酸　39
リン酸結合　39
ル・シャトリエの原理　183

N.D.C.431.6　251p　18cm

ブルーバックス　B-1583

熱力学で理解する化学反応のしくみ
変化に潜む根本原理を知ろう

2008年 1月20日　第 1 刷発行
2024年 4月 8日　第11刷発行

著者	平山令明
発行者	森田浩章
発行所	株式会社講談社
	〒112-8001 東京都文京区音羽2-12-21
電話	出版　03-5395-3524
	販売　03-5395-4415
	業務　03-5395-3615
印刷所	（本文表紙印刷）株式会社ＫＰＳプロダクツ
	（カバー印刷）信毎書籍印刷株式会社
本文データ制作	講談社デジタル製作
製本所	株式会社ＫＰＳプロダクツ

定価はカバーに表示してあります。
©平山令明　2008, Printed in Japan
落丁本・乱丁本は購入書店名を明記のうえ、小社業務宛にお送りください。
送料小社負担にてお取替えします。なお、この本についてのお問い合わせ
は、ブルーバックス宛にお願いいたします。
本書のコピー、スキャン、デジタル化等の無断複製は著作権法上での例外
を除き禁じられています。本書を代行業者等の第三者に依頼してスキャン
やデジタル化することはたとえ個人や家庭内の利用でも著作権法違反です。
R〈日本複製権センター委託出版物〉複写を希望される場合は、日本複製
権センター（電話03-6809-1281）にご連絡ください。

ISBN978-4-06-257583-6

発刊のことば

科学をあなたのポケットに

二十世紀最大の特色は、それが科学時代であるということです。科学は日に日に進歩を続け、止まるところを知りません。ひと昔前の夢物語もどんどん現実化しており、今やわれわれの生活のすべてが、科学によってゆり動かされているといっても過言ではないでしょう。

そのような背景を考えれば、学者や学生はもちろん、産業人も、セールスマンも、ジャーナリストも、家庭の主婦も、みんなが科学を知らなければ、時代の流れに逆らうことになるでしょう。ブルーバックス発刊の意義と必然性はそこにあります。このシリーズは、読む人に科学的に物を考える習慣と、科学的に物を見る目を養っていただくことを最大の目標にしています。そのためには、単に原理や法則の解説に終始するのではなくて、政治や経済など、社会科学や人文科学にも関連させて、広い視野から問題を追究していきます。科学はむずかしいという先入観を改める表現と構成、それも類書にないブルーバックスの特色であると信じます。

一九六三年九月

野間省一

ブルーバックス　化学関係書

- 969 化学反応はなぜおこるか　上野景平
- 1152 酵素反応のしくみ　藤本大三郎
- 1188 金属なんでも小事典　増本健=編著　ウォーク=監修
- 1240 ワインの科学　清水健一
- 1296 暗記しないで化学入門　平山令明
- 1334 マンガ　化学式に強くなる　高松正勝=原作　鈴木みそ=漫画
- 1375 実践　量子化学入門　CD-ROM付　平山令明
- 1508 新しい高校化学の教科書　左巻健男=編著
- 1534 化学ぎらいをなくす本（新装版）　米山正信
- 1583 熱力学で理解する化学反応のしくみ　平山令明
- 1646 水とはなにか（新装版）　上平恒
- 1710 マンガ　おはなし化学史　佐々木ケン=漫画　松本泉=原作
- 1729 有機化学が好きになる（新装版）　米山正信／安藤宏
- 1816 大人のための高校化学復習帳　竹田淳一郎
- 1848 今さら聞けない科学の常識3　朝日新聞科学医療部=編
- 1849 聞くなら今でしょ！
- 1860 発展コラム式　中学理科の教科書　改訂版　物理・化学編　滝川洋二=編
- 1905 分子からみた生物進化　宮田隆
- 1922 あっと驚く科学の数字　数から科学を読む研究会
- 分子レベルで見た触媒の働き　松本吉泰

- 1940 すごいぞ！身のまわりの表面科学　日本表面科学会
- 1956 コーヒーの科学　旦部幸博
- 1957 日本海　その深層で起こっていること　蒲生俊敬
- 1980 夢の新エネルギー「人工光合成」とは何か　光化学協会=編　井上晴夫=監修
- 2020 「香り」の科学　平山令明
- 2028 元素118の新知識　桜井弘=編
- 2080 すごい分子　佐藤健太郎
- 2090 はじめての量子化学　平山令明

BC07　ブルーバックス12cm CD-ROM付
ChemSketchで書く簡単化学レポート　平山令明

ブルーバックス

ブルーバックス発の新サイトがオープンしました！

- 書き下ろしの科学読み物
- 編集部発のニュース
- 動画やサンプルプログラムなどの特別付録

> ブルーバックスに関する
> あらゆる情報の発信基地です。
> ぜひ定期的にご覧ください。

ブルーバックス　検索

http://bluebacks.kodansha.co.jp/